U0303453

Eingefroren
Am
Nordpol

地平线系列

MARKUS REX

EINGEFROREN AM NORDPOL

乘冰越洋

一场伟大的极地科考

〔德〕马库斯·雷克斯 著

王一帆 译

商务印书馆
The Commercial Press
创于1897

特 别 鸣 谢

玛琳娜·戈林
（Marlene Göring）

献给弗蕾德丽克（Friederike）、
提姆（Tim）和菲利普（Philipp）

目 录

序 言

　　"无人得见，无人涉足，自世界伊始，封冻的极地地区静卧于无瑕的冰袄之下，酣睡于恢宏的死寂之中。这庞大的巨人身裹一袭素袍，伸出湿冷的冰手雪足，冥思万年的幻境迷梦。

　　岁月流逝，静谧深沉。

　　沐浴着历史的曙光，在遥远的南方，心智逐渐苏醒的人类抬头眺望大地；南有暖意，北有寒气，于是在已知疆域的彼端，人类构建出两个王国：流金铄石的炎热南方与冷寂肃杀的极寒北境。

　　然而，人类对光明和知识的渴望与日俱增。未知之境的疆界步步后退，一路向北，直至宏伟的冰雪教堂槛前。那是自然的圣殿，是极地的圣殿，充斥着无边无际的寂静。人们一路高歌猛进，至此尚未被任何无法逾越的障碍拦住去路。他们放心大胆地继续向前，但巨人们在此处布阵应战。其盟友皆为生命的死敌：冰雪、严寒与漫长冬夜。"

　　伟大的探险家与极地研究者弗里乔夫·南森（Fridtjof Nansen[①]）

---

① 本书翻译自德语版，因此无特殊注明的括号里的外文均为德语。——译者注

以此作为他在 1897 年发表的科考报告的开头。自那之后,充满探索精神的人类已经揭开了我们星球上几乎每个角落的秘密,并且运用了最先进的科学仪器对它们进行测量和研究。然而极地仍然在为我们的求知欲设限。直至今日,我们的知识之光依旧会在冬季的北极腹地黯然消散。北冰洋上的冰层过于坚固,外部条件过于恶劣,因此,目前还没有科考破冰船能够挺进那里。破冰船也从未对北极腹地复杂的气候系统进行覆盖全年的科考。

在国际社会的通力合作下,20 个国家联合开展科学考察计划——北极气候多学科漂流冰站(英文:Multidisciplinary Drifting Observatory for the Study of Arctic Climate, MOSAiC)计划,试图解开北极圈的奥秘。在该计划中,现代科考破冰船"极地之星"号(Polarstern)首次全年停留于北极圈腹地,即使在冬季也不中断在北极点附近的科学考察。在这场逼近极限的科考探险中,一支由六艘破冰船和科考船组成的船队为"极地之星"号提供支援,助其在北冰洋腹地冰层的牢牢封冻下度过冬天。它将全年搜集我们亟需的数据。

北极地区是气候变化的"震中",因为我们星球上的其他任何地点都不及这里升温迅速——北极地区的升温速度是世界其他地方的两倍以上,在冬季则更甚。其中缘由,我们至今大多无法理解。而现有的北极地区气候模型都不太准确。对于到 21 世纪末的气候变暖情况,各种气候模型也做出了不同的预测——根据对未来温室气体排放状况持悲观态度的预测,气温上升幅度达到 5 至 15 摄氏度不等。相当一部分模型预测,北极地区将在近几十年内面临夏季无冰的状况。另一些模型则否认该观点。没有人知道这种状况是否会发生，又会在何时发生。然而，我们需要切实可信的科学依据，并据此做出迫在眉睫又深刻有力的社会决策，从而达到保护气候的目的。

　　气候模型的基础是数据以及对气候系统中各种过程的精准理解。我们必须在计算机中尽可能真实地还原这些过程，如此方能从模型中获得可靠的结果。可是对于一个未能使用现代仪器观测其气候的区域，我们又该从何入手呢？由于缺乏观测数据，各种模型只能对这些过程的原理和演变进行临时性假设。也可以说：只能猜测。这导致了预测结果的不准确。

11

　　另外，对于欧洲、北美和亚洲等世界大部分人口的居住地而言，北极地区是气候系统的策源地。寒冷的北极地区与相对温暖的中纬度地区之间的温差，是北半球整体上的大气环流系统的驱动力，并且在很大程度上决定了我们的天气。北极地区的迅速变暖改变了这种温差。其结果是我们所在的纬度出现更频繁、更剧烈的极端气候。至于北极地区夏季无冰的状况对我们的气候意味着什么，目前尚无定论。我们对北极地区的气候过程也了解得太少。

　　那么如何在冬季到达北极圈腹地呢？冬季北极的冰层极厚，即便是目前最先进的科考破冰船也无法穿过。而我们的科考之旅将追随着伟大的极地勘探先驱、北极浮冰流发现者弗里乔夫·南森的足迹。始于1897年的"珍妮特"号（Jeannette）科考行动最终在西伯利亚（Sibirien）海岸的冰天雪地里以失败告终，其部分残骸在格陵兰岛（Grönland）的北部被发现。根据这些残骸，南森发现了一个横跨极点的重要冰质传送带——穿极流。他利用该浮冰流，成功挺进前人未及的北极圈深处。他在传送带的起点区域——西伯利亚海岸，故意使自己乘坐的木制帆船"弗拉姆"号（Fram）被浮冰包围，并于三年内在浮冰流的裹挟下跨越极点，直抵北大西洋。

在此次 MOSAiC 科考中，我们沿用了这种思路。我们不与浮冰对抗，而是与其合作。基本构想是：如果在正确的地点被浮冰包围，那么无需其他任何努力，穿极流将裹挟我们横穿北极圈腹地，即便在冬季，它也能载着我们成功进入这片平日与外界隔绝的区域。在此过程中，我们会于冬季和初春被海冰牢牢地封锁，无法脱身。

此次科考的过程完全掌握在大自然手中，其成败毫无疑问地取决于自然的威力。无人能够断言浮冰流会把我们带往何处，也无法改变浮冰流的方向，更无法得知科学考察的进度如何。我们把自己托付给自然，决定路线和过程的不是我们，而是自然的力量。在这样的冒险中，人类无法制订计划，因为一切皆有可能。我们面临着严峻的挑战：冰裂隙、相互碾压的冰川台地上庞大冰山的剧烈隆升、猛烈的暴风雪、极寒、极夜里长达数月的致密的黑暗、危险的北极熊，最后还有新冠疫情，但我们已经整装待发。

壹 · 秋季

在海冰中行进的"极地之星"号。

第一章　启程

　　"极地之星"号耸立于特罗姆瑟（Tromsø）①码头上。它巨大的船身被灯光点亮。在刚刚降临的夜色中，为我们隆重的告别典礼而照明。"离得真远啊！"我站在甲板上，看着陆地上参加典礼的人们不由得感叹。朝向陆地一面的右舷甲板上挤满了人。我们——大约 100 名科学家、工程技术人员和船员组成的团队——要进行一场冒险，并准备独自在世界尽头里被海冰封冻数月。这是有史以来规模最大的北极科考。

　　我向下望去。为了庆祝我们启航，艺术家们把浮动的海冰投映在码头的混凝土地面上。暮色昏暗，船坞里为庆典而

————————————

① 挪威北部一座港口城市。——译者注

3

搭建的帐篷里发出亮光。在这里，我们的联邦研究部^①部长安雅·卡利策克（Anja Karliczek）、亥姆霍兹联合会（Helmholtz-Gemeinschaft deutscher Forschungszentren）^②主席奥特玛尔·韦斯特勒（Otmar Wiestler）与阿尔弗雷德－魏格纳研究所（Alfred-Wegener-Instituts, AWI）^③所长安缇耶·波提乌斯（Antje Boetius）向我们做了告别演讲。这是我们的荣幸，也是本计划的荣幸。她的一系列讲话释放出这样的信号——北极和全球变暖已成为至关重要的政治和社会议题。除此之外，还有许多新闻媒体到场，并且方才我们还在下面举杯共饮，同时AWI的所长也非常激动地与我们道别。多年以来，她义无反顾地为此次科考行动东奔西走，参与了诸多筹划，创造了很多条件——现在她恨不能与我们同行。我或许看到了她的眼泪。这一定是因为特罗姆瑟的海风过于强劲！我们的后勤部部长，本次科考行动的后勤负责人乌维·尼克斯多夫（Uwe Nixdorf）与MOSAiC计划之父克劳斯·迪特洛夫（Klaus Dethloff）也站在下方，自豪地注视着我们的计划即将成为现实。像这样的科考行动，没有一个国家或一家科研机构可以凭一己之力完成。长年为之辛勤工作和努力奋斗的人们难以计数——如今我们共

---

① 该部门全名为"德国联邦教育与研究部"（Bundesministerium für Bildung und Forschung），负责为科研计划及机构提供资金，制定教育政策。原文中作者将该部门主管称为"联邦研究部部长"（Bundesforschungsministerin）。——译者注

② 德国最大的科研机构，以德国生物学家和物理学家赫尔曼·冯·亥姆霍兹命名。——译者注

③ 该研究所隶属于亥姆霍兹联合会，主要从事极地地区与海洋研究。——译者注

享喜悦。这一切的付出都是值得的。参加告别典礼的来宾们朝空中举杯祝愿——因为现在，我们和他们之间隔着"极地之星"号数米高的船身。船下的亲朋好友挥手致意，我的妻子和两个儿子也在其中。我们也相互挥手道别。多少双眼睛在临别前，试图最后一次寻找着亲爱之人的视线。不过现场气氛欢乐而兴奋，这并不会让人想到流泪，因为大家根本无暇顾及伤别之情。

我们即将出发了！乐队奏乐，舷梯上升，缆绳收起，伴随轮船汽笛的一声长鸣，"极地之星"号从容不迫地启程前行。我们很快就看不清港口的人群了。亲友们逐渐消失在黑暗中。海风吞没了庆典的乐声。

我在甲板上伫立良久，注视着峡湾。海岸上的点点光亮与稍后出现的挪威岛屿都在黑暗中向后滑去了。从舒适的挪威住房里透出温馨的灯光，正如我们在乡村般的波茨坦－巴贝尔斯贝格（Potsdam-Babelsberg）① 的小家。在接下来很长的一段时间里，我都看不见这个地方了。对于那边陆地上的人们来说，平常的一天又要结束了。甲板上的我们在很长一段时间里将不再有平常的日子，不能与家人见面。接下来的几个月里，等待我们的会是什么呢？

回想起来，科考出发前的几个星期似乎都不太真实，因为最后的准备工作已经被安排得满满的了。我家简直成了仓库，遍

---

① 波茨坦－巴贝尔斯贝格（Potsdam-Babelsberg）是德国勃兰登堡州首府波茨坦的一个城区，毗邻柏林西南郊。——译者注

地堆满了要打包的东西。最重要的是，余下的与家人共度的日子变得一天比一天宝贵。这个念头逐渐渗入全家人心中：接下来的一年里，我们足足有九个月不能见面。圣诞节、新年和大家的生日都只能彼此异地庆祝。尽管如此，我的两个儿子，一个九岁，一个十一岁，都对这次科考行动热情高涨。他们对它了如指掌，也跟着激动不已。这让我省了许多力气，也算是对漫长分别的安慰。我的妻子对离别早就习以为常——我总是在漫长的科考旅途中——她也和我一样对科考充满热情。我们至少可以在科考期间互发信息，这可与前几代的极地研究者不同。

这些天里，我常常想着弗里乔夫·南森和他的团队。他们乘坐的木制帆船"弗拉姆"号，在126年以前踏上了一次类似的探索之旅。他们不仅取得了作为先驱者的卓著功勋，还证明了类似科考探险的可行性。那时的他们向着完全未知的世界进发，与外界没有任何联系，也不知道自己是否能够活着返航。那时的他们出发前又是怎样的光景呢？又是什么在推动着他们向前呢？这些男人（是的，那时去探险的只有男性，如今不同了）和他们的家人道别时，心里有多么难过呢？相比之下，我们今天已经好太多了！

现在我真的上路了！"极地之星"号卷起的尾流先是激起翻腾着泡沫的波浪，然后这波浪逐渐变小，直到融入大海，航迹消失。凝视这个过程让人内心平静，就好像忙于筹备的时光和特罗姆瑟港里紧张的最后几天也在渐渐离我们远去。

尽管陆地上最后几天的印象曾如潮水般向我们涌来，但现在它们也让位于宁静了。轮船缓慢而持续地向目的地滑行时，船上

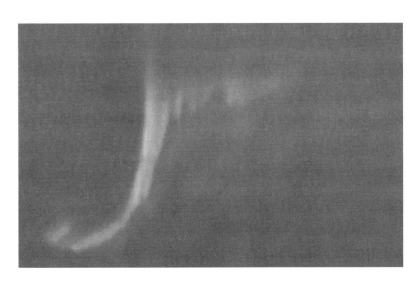

每个人都会感受到这种宁静。如果同时还在观察尾流如何消失在夜晚海中黑暗的虚无里，这种感觉会尤其强烈。

9月23日，北极用一道绚丽的极光向我们问好。

我的意识逐渐接受了我们已经出发的事实。从现在起，我们要靠自己了。无论是个人的袜子、头灯和棉帽，还是科考的装备和补给，都是一样的——现在我们唯有依靠携带的物资了，因为我们不可能沿途采购，邮寄当然也行不通。我们再也不能指望外界的帮助了。

19

这么想着我反而心安了。于我而言，世界骤然变得很小，这里的选择余地也很小。然而奇怪的是，人在这种状态下反而会松弛下来。在最后一刻务必解决什么事情，准备什么东西，这些飞速旋转的念头已经失去了意义。启程以前，我们总是在越来越小的时间单位里思虑万千。最后的时间以小时计、以分钟计——现在我们有了世上所有的时间。科考为期一年。这不是一段冲刺，

科普小贴士

"极地之星"号

1982 年以来，"极地之星"号便航行于地球上最偏僻的角落，肩负着多重任务。其任务之一是，向位于阿特卡冰港（Atka-Bucht）附近的埃克斯特伦冰架（Ekström-Schelfeis）上的德国南极科考站——诺伊迈尔三号（Neumayer-III）站运送补给。除此以外，该船一直在极地执行研究海冰、海洋、极地生物、生物地理化学过程、大气与气候的科考任务。因此，"极地之星"号离开其母港不来梅港的平均时间为每年 310 天。"极地之星"号是全球范围内最优秀的科考破冰船之一。它有着坚固的双层舱壁和破冰船典型的圆钝船身，可以轻而易举破开厚达 1.5 米的海冰。2 万匹马力的引擎让它有足够的力量可以撞开较厚的大片海冰。

这艘破冰船堪称航行的研究所。船上的九间实验室里装有极其专业的仪器设备。在 MOSAiC 计划中，船头上还加装了一块用于科研的集装箱甲板。

而是一场马拉松。我们应该平静而沉着地面对。我打开了自己众多行李箱中的几个，把行李拿了出来，然后就去睡觉了。躺上床才一分钟而已，我就已经睡得像石头一样沉。轮船将我轻摇，其催眠效果惊人。这就是我对"极地之星"号的信任。

2019 年 9 月 21 日　第 2 天

这是海上的第一个早晨。灰云低垂的天空下，我们还能望见几座挪威的岛屿在地平线上闪烁。到中午时分，它们就彻底消失了。同时，手机信号也消失了。文明社会的电波已无法触及我们。"极地之星"号在汹涌的大海上毅然"轰隆"向前。我们大约于上午十一时绕过斯堪的纳维亚（Skandinavien）的北角（Nordkap）[①]，然后向东北方向航行，驶入夏末时节无冰而通畅的巴伦支海（Barentssee）。

与"极地之星"号一路相随的，是有节奏的摇晃与颠簸以及"轰隆"声。这轮船的律动令人舒心。顶甲板[②]吸引着我。那是舰桥上方最高一级的甲板。站在顶甲板上，人置身于凛冽的凉风中，脚下是轰鸣的轮船，四下里视线无碍，直抵天际。这是我在"极地之星"号上最喜爱的地方之一。

2019 年 9 月 22 日　第 3 天

我们在东北航道[③]的开阔水面上顺利行进，以约 13 节的速度迎风航行。风力正逐渐增强。"极地之星"号在浪高四米的中等大小的海浪中欢快地摇晃着前进。这个海或那个海的海浪拍打着我们的工作甲板，于是科考队中出现了第一批晕船的人。尽管如此，船上仍旧士气高涨。经过多年的筹备，现在所有人都满怀热情，盼望着见到海冰。

22

---

① 挪威北部一海岬，为汽车可到达的欧洲最北端，位于大西洋与北冰洋的界线上。——译者注
② 又称"罗经甲板"，是船舶最高一层的露天甲板。其上设有信号灯架、各种天线、探照灯和标准罗经等。其德语名称直译为"测向甲板"。——译者注
③ 东北航道，又称"北方海路"，指沿亚欧大陆北部海岸线往返大西洋与太平洋之间的海上交通航道。——译者注

工作甲板

前往冰面的主通道。连接甲板与冰面的舷梯位于此处。舷梯值班员在一间供暖的小舱房里记录下到冰面和返回船上的人员。在工作甲板尾部的尽头还有一间供暖的小屋，屋内装有半球形全景玻璃窗——船尾瞭望员在这里执勤，负责随时瞭望北极熊，确保位于舰桥视线盲区内的船尾的安全。

直升机停机坪

"极地之星"号上的两架 BK-117 直升机在这里起飞和降落。它们有时负责运载科研仪器，有时负责从空中侦查海冰状况。气象气球也从这里放飞并升至平流层。

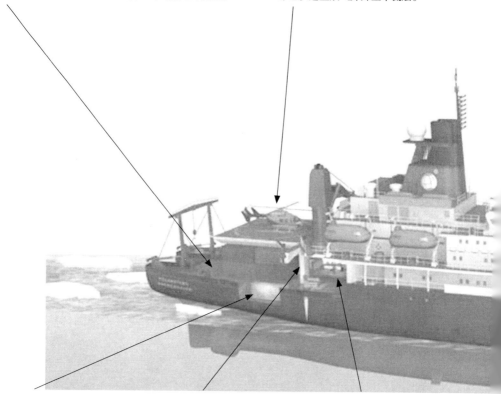

集装箱实验室

在船舱里和船头处有许多集装箱实验室。其中一部分实验室被调节至特定温度，或者具备用于生物学实验的特殊光照条件，还有一些集装箱实验室里存放有大气测量设备。它们会吸收船外的空气。

可滑动起重臂

在第四、第五航段中，沉重的大型海洋观测设备从这里被放入冰洞里的水柱中。在第一和第二航段期间则采取了一种新方法，即用船载起重机将设备放入远离船只的冰洞里。

大型湿实验室

科考期间船上最大的工作室。这里是大型遥控勘探设备的组装处，是无人机和用于大气观测的直升机吊舱的小巢。

"鸦巢"

此处安装有可旋转的热成像摄像机，用于进行全天候、全方位的北极熊监测——即便在完全黑暗的极夜里也能成像。然而它在第一航段中就出了故障，无法运行，另一台同款备用摄像机也遇到了同样的情况。之后只剩两台热成像摄像机还在忠心耿耿地履行职责：一台可以转动和变焦，另一台则监视着船尾附近的区域。

顶甲板

用于数据传输的天线位于顶甲板上。大气科学家利用此处开阔的视野，在这里安装了一架可旋转的大型测云雷达，为此还给顶甲板做了特别加固。

舰桥

一切活动的指挥室。冰上营地的所有活动始终处于舰桥的监控之下。它是冰上各小组的广播中心，防熊队员从这里不间断地检视着营地周边的环境——冬季的极夜里操控位于舰桥的热成像摄像机和船上的三盏探照灯；夏季的极昼里使用望远镜。

报告厅

在这里，科考队每天至少举行一次组会。我们还在这里布置第二天的防熊任务，通常也在这里征集科考营地里各种任务的志愿者。志愿者总是很快就能招满。

实验室

由采水器从大洋深处采集的水样大都在这里进行化验，或者在此接受固化处理，以备陆上实验室的分析。

船头

为了 MOSAiC 计划，专门在"极地之星"号的船头处修建了一整片载有集装箱观测站和集装箱实验室的新甲板。科考期间，无数次大气观测在这里进行。

与此同时，我们已经在船上安顿下来：大家都已将行李放入船舱里狭长的置物柜中。走廊上的门前摆放着一排排粗笨的工作鞋和用于冰上作业的内里为软垫的极地靴。每两人住一间舱房：里面是上下铺的床，带有桌子的休息角，一间带隔间的狭小浴室，别无他物。我的单人间里有一间寝室和一间带有舒适休息角的办公室。

不过我们待在船舱里的时间不多。现在才刚刚启航，我们就已经开始全天候的工作了。我们得布置实验室，打开箱子，调试设备。即使我们的活动空间比在陆地上缩小了很多，但因为每天在各个甲板、实验室和储物舱之间奔走，也还是累积了可观的步行里程。

昨天下午，我们首段旅程的护航船"费多罗夫院士"号（Akademik Fedorov）从特罗姆瑟启程。其实它本应该与我们一同出发，却不得不在港口等待迟来的装备。如今这艘"费多罗夫院士"号——俄罗斯极地科考船队的旗舰，搭载了额外的装备和助手，正与我们一道驶向海冰。无论搭建科考营地，还是构建浮标阵列，甚至在基地方圆 50 千米内的较小浮冰上建立观测站，我们都需要它。它还会在"极地之星"号与浮冰对接之前为其加油，以补足第一航段所消耗的燃料——这样我们就可以带着满满的油箱进入漫长的冬季。

我们的下一个目标是：绕过切柳斯金角（Kap Tscheljuskin）。这是亚欧大陆的最北端，东北航道之要冲。通过这个海角以后，拉普捷夫海（Laptewsee）就在眼前。我们想在这片海域的北部进入海冰的包围，但在此之前，我们必须穿过巴伦支海和喀拉海（Karasee）。

实现该目标有两种可能的方案。一种是海冰迫使轮船沿海岸 23
线航行，这就要寄希望于那里的航道畅通。这条航线会穿过喀拉
海之咽喉——新地岛（Nowaja Semlja）与靠近陆地的瓦伊加奇
岛（Waigatsch-Insel）之间的喀拉海峡。另一种是轮船从新地岛
的北端绕行，然后乘风破浪，穿过喀拉海北部向东行进。至于哪
种方法可行，由海冰状况决定。

喀拉海因其海冰密布而得名为"北冰洋冰窖"。这个称号源
自 19 世纪中叶的波罗的海国家的德意志族[1] 自然科学家卡尔·恩
斯特·冯·拜耳（Karl Ernst von Baer）。可是现在，这里和冰
窖没有丝毫相似之处——喀拉海近乎完全无冰地向我们敞开！因
此我们选择了这条易行又更省时的道路，驶向新地岛的最北端。
这与此次科考行动的伟大先驱——弗里乔夫·南森的时代多么不
同啊！

※　　※　　※　　※　　※

弗里乔夫·南森：发现浮冰流

弗里乔夫·南森 1893 ～ 1896 年间的英勇壮举，为
我们此次的科考树立了榜样。南森是浮冰流的发现者，
也是乘船顺浮冰流漂流的第一人，而这正是我们的计
划。他挺进了前人未及的北极深处——在那个时代，还
流传着北极点是一片无冰大洋或是未知大陆的设想。

---

[1] 指定居于今爱沙尼亚及拉脱维亚的说德语的少数民族。卡尔·恩斯特·冯·拜耳
出生于爱沙尼亚的德意志族家庭。——译者注

24 弗里乔夫·南森发现了穿极流（图中粗箭头所示）。穿极流是北冰洋中自然形成的浮冰流之一。左上方箭头为波弗特流涡（Beaufort-Wirbel）。阴影内是通常情况下海冰在夏季的分布范围。

数百年来，勇敢的人们试图开辟一条穿越北极的航路。巨大的未知潜伏于这冰封的天涯海角之后，引人遐想，令人神往。对未知远方的探索使得众多探险者与他们的探险队付出了生命的代价，而南森却不在其列。这个挪威人率领仅 13 人的团队，乘着三桅帆船"弗拉姆"号出海。南森有意将"弗拉姆"号的舷壁造得格外坚实，船身圆钝，内部构造前所未有地稳固，使其不会被大块浮冰压碎，而是被高高托起，就连船桨也可以收入船内。

这次探险的五年以前，时年 27 岁的南森仅与四名同伴一起，踩着滑雪板穿越了格陵兰冰原。他从当地的因纽特（Inuit）人处学到了在北极的生存技巧。我们在这次科考中使用的南森雪橇与他在"弗拉姆"号探险中效仿因纽特人造出的雪橇外观上大体相似。为了更好地分散载重，雪橇比较低矮，还带有可移动斜撑。当雪橇

在凹凸不平、有棱有角的冰面上滑
行时，斜撑可以防止雪橇断裂。虽
然当时人们对坏血病与维生素缺乏
之间的联系一无所知，但南森还是
在船上储备了大量的水果干作为干
粮，这使得他的队伍免受可怕的坏
血病侵袭。

以上所有都有助于南森实现
他的计划：南森是不与海冰对抗，
反而乘冰穿越北极海域的第一人。
他在西伯利亚北岸故意驶入大块
浮冰群中，从而得以顺流跨越北
极点，漂回格陵兰岛。带给南森
灵感的，是几条海员穿的防水长
裤。它们于 1984 年[①] 与失败的"珍
妮特"号科考行动的其他遗迹一
道，在格陵兰岛岸边，尤利安娜霍

25

这张广为人知的弗里乔夫·南森的肖
像照由亨利·凡·德尔·韦德（Henry
van der Weyde）摄于 1890 年。

布（Julianehåb）[②] 附近海域的大块浮冰上被发现。"珍
妮特"号从加利福尼亚（Kalifornien）出发，经白令
海峡（Beringstraße）深入北冰洋，却在东西伯利亚海
（Ostsibirische See）被海冰困住然后被轧碎。那么它
的残骸是如何从西伯利亚来到格陵兰岛的呢？南森推断
出，一定存在一股横贯北冰洋的浮冰流，正是它将"珍

---

① "珍妮特"号科考行动的遗迹发现于 1884 年，此处系原作者笔误。——译者注
② 现称卡科尔托克（格陵兰语：Qaqortoq），格陵兰岛南部的一个城镇。尤利安
娜霍布是该地丹麦语名称"Julianehåb"的音译，本书作者采用了"尤利安娜霍
布"这一名称。——译者注

弗里乔夫·南森（中）与亚尔马·约翰森（Hjalmar Johansen）和西格德·斯科特·汉森（Sigurd Scott Hansen）于 1894 年 4 月，在极地一起测量日食。

妮特"号的残骸从西伯利亚带到了格陵兰岛。

南森是对的：海冰不是静止不动的，而是在北冰洋中运动。今天我们已经非常了解这股浮冰流。这股跨越极点的浮冰流始于西伯利亚（Sibirien）北部，穿过北冰洋，直至大西洋。这股浮冰流在格陵兰岛北部分流，一部分流入弗拉姆海峡（Framstraße）①（南森的"弗拉姆"号在此处驶出浮冰群，因此以其命名该海峡）；另一部分汇入波弗特流涡②。海冰在其中沿顺时针方向在格陵兰岛、加拿大（Kanada）和阿拉斯加（Alaska）沿岸环流。

26

---

① 格陵兰岛与斯瓦尔巴德群岛之间南北走向的海峡，向北通往北冰洋，向南可达格陵兰海与挪威海。

② 北冰洋中的一股洋流，主要位于阿拉斯加与加拿大的北部海域。

1893 年 9 月，南森探险队队员在喀拉海附近的浮冰上捕猎海象。

许多南森同时代的人都认为，自愿将船开进大块浮冰中实属疯狂之举。他们指责南森草率冒失。南森却不为所动。6 月 24 日，他驾驶"弗拉姆"号从克里斯蒂安尼亚（Christiania），即现在的奥斯陆出发——三年后，船上全员安然无恙地归来。探险之旅最终在特罗姆瑟结束。而特罗姆瑟正是我们的起点。然而当"弗拉姆"号归来时，南森和他的同伴亚尔马·约翰森并不在船上——当"弗拉姆"号在北冰洋里从北拉普捷夫海继续向斯匹次卑尔根岛（Spitzbergen）漂流时，南森与约翰森在探险之旅的第二年年初改乘滑雪板和雪橇向北极点进发。他们虽然没能问鼎北极点，但已经到达了当时人类所及的最北纬度，创造了新纪录。南森与约翰森也从冰天雪地中平安归来，正巧几乎与"弗拉姆"号同时到达。而"弗拉姆"号也创下了一项纪录——它是人类历史上航行目的

1896 年 6 月，南森的同伴亚尔马·约翰森在法兰士约瑟夫地群岛（Franz-Josef-Land）的弗雷德里克·杰克森（Frederick Jacksons）的小屋前。

27

地最北的木船。

最重要的是，南森带回了无数关于北极圈的知识，因此我们才可能开展今天的工作。而且他给我们"极地之星"号的科考带来了灵感。南森不仅是实干家，还是一个惯于沉思的，甚至有些多愁善感的人。这让他更具魅力。他没有其他探险者身上或多或少的优越感。他们认为，北极原住民身上没有什么值得学习的地方，所以他们才会用马拉雪橇，而不是用狗。他们宁愿把银餐具装上船，也不愿意带皮划艇——北极居民们通常会携带皮划艇，以便在掉入冰窟的紧急情况下施行自救。这种观念使得南森之前和之后的诸多探险家丧生。面对极地冷酷无情的自然，南森是谦卑的。和其他人不同，他没有英勇地试图征服自然。他之所以成功，恰恰是因为他耐心地顺应了自然。他在科考报告中记录下了自己的路线和历险，不过也对自然和我们在其中的角色进行了很多思考。在此之后，作为外交官的他也成就不凡，还因为第一次世界大战期间为难民做出的贡献荣获诺贝尔和平奖。南森真是一位英才俊杰。

※　※　※　※　※

我时常阅读南森在"弗拉姆"号上写下的文字。这次旅途中，我将这两本厚厚的书也带上了船。这样一来，当我们行驶在与近 130 年前和他几乎相同的航线上时，我就可以通过对比得知，我们的世界自南森的探险以来发生了多大的改变。在令他生畏的喀拉海中，南森不得不艰难地沿着西伯利亚海岸线开辟航线，但频频被源自北冰洋中央延伸至海岸的冰原阻挡了去路，但我们却畅行无阻——2019 年夏末的喀拉海里，所有冰块加在一起都不够调一杯威士忌。

当我在卫星地图上越过北喀拉海，沿着传统的东北航道，查看我们航路的前方时，发现了不同之处——一道位于北地群岛（Sewernaja Semlja）北部的冰舌封锁了进入拉普捷夫海的直达入口。这道冰舌在北地群岛的东侧，向南突出。北地群岛是地球上最后被发现的较大岛屿之一，但南森的地图上还没有它们。它们与切柳斯金角相望，被冰川覆盖得严严实实，以至于南森贴着海角航行时，都没能发现北方有一大片被厚重广袤的冰川所覆盖的岛屿。

现在摆在我们面前的问题是：在目前的海冰条件下，哪一条才是通向目的地区域的最佳线路。我们是应该穿过岛屿与大陆间的维利基茨基海峡（Wilkizkistraße）[①]，贴着切柳斯金角航行，选择这条无冰但较长的航路呢？还是应该直接绕过北地群岛的最北端——北极角（Kap Arktitscheski），然后从这里试着在海冰中开辟一条航路呢？又或是在群岛间穿行，穿过绍卡利斯基海峡 28

————

① 亚欧大陆北端与北地群岛之间东西走向的海峡，向西至喀拉海，向东进入拉普捷夫海。——译者注

（Schokalski-Straße）^①——一段岩石嶙峋的狭小水道，这样至少可以避开大部分的冰舌？

要做出判断，就必须掌握海冰的厚度和稳定性。然而卫星地图不能为我们提供相关信息。幸而这年夏末有两艘船在该区域活动——"特列什尼科夫院士"号（Akademik Tryoshnikov）^②。它是我们的俄罗斯同行的破冰船，并帮我们将燃料储备卸载至北地群岛上，这是后话了。还有就是德国的"不来梅"号（Bremen）^③。我们向这两艘船打听了这片海域的情况。他们的答复是一致的，绍卡利斯基海峡在这个时节可以通航，但海峡东侧被许多搁浅的冰山封阻，必须谨慎绕行——那里常有大雾，冒险通过海峡并非易事。

至于冰舌，"特列什尼科夫院士"号的船员告诉我们，构成冰舌的冰层十分坚固，局部厚度超过 150 厘米，我们最好绕道而行。船长与我达成共识，暂时对三种选项都持开放态度。不过我们目前仍继续行驶在前往切柳斯金角的航线上。

2019 年 9 月 23 日　第 4 天

船上逐渐确立了生活节奏。我们尽可能久地待在外面的甲

---

① 北地群岛内部的十月革命岛与布尔什维克岛之间的海峡，沟通喀拉海与拉普捷夫海，位于维利基茨基海峡的北方。——译者注
② "特列什尼科夫院士"号是俄罗斯自苏联解体以来第一艘自主建造并下水的科学考察船，以俄罗斯两极研究所原所长特列什尼科夫院士命名。——译者注
③ "不来梅"号当时为德国赫伯罗特邮轮有限公司旗下的海洋考察船，2020 年被瑞士西拉航运公司收购，更名为"海洋探险"号（Seaventure）。

板上，看着轮船在波浪上滑行。肉眼可见的前进运动令我们愉悦。眼下我们还能决定自己的航线，很快这就会成为过去时。进入浮冰的包围以后，船就不会再开动了——一切将静止，航线由海冰决定。

的确，可以感觉到每个人都热切盼望着望见海冰的那一刻。因为在那之后，本次科考的正文部分才真正开始——乘冰流穿越北冰洋。让我们一起翘首企盼。

晚上，我们的酒吧第一次营业。因为它的装饰与众不同，大家都亲昵地称之为"齐勒谷"（Zillertal）[①]——小块桌布、红色灯光、吧台上层层叠叠贴着的便利贴点缀着酒吧。便利贴上是我们之前参加过的科考的标志。这里气氛很好，科考队员们也开始正式地相互认识。我们就这样渐渐成为了一个有凝聚力的团队。这一小群人将在北冰洋中央的海冰上共同度过接下来的几个月，距离最近的其他人类逾 1000 千米。大家都知道，这会是一段荡气回肠的经历，因此很快就成了彼此亲密的伙伴。

夜里晚些时候，北极圈用它最令人难忘的奇观向我们表示欢迎——极光。船舱外，一道宽阔的弧形绿光横贯天际。在璀璨群星构成的背景之前，它慵懒地飘动着，宛如一幅帷幕，在微风中将波涛轻拂。它在某处骤然活泼起来，缠绕成螺旋状，越来越明亮，滴下光雨，向天空泼洒手指形状的光点，紧接着又慢慢地平静下来，随后隐去——几分钟后，附近的光指又在别处划起一片

29

30

[①]　奥地利蒂罗尔州境内的一座河谷，凭借阿尔卑斯山山区的优美风景和民俗风情成为备受欢迎的旅游地。——译者注

船正行驶在第一航段，科考队员们聚在"极地之星"号的会议室里。

新的光浪，盘旋着充满整座天穹，之后逐渐消散。光带在天顶蜿蜒翱翔时，星星状的光点从那里纷纷落下。这些绿色光点的上端闪烁着介于淡红与浅紫之间的色泽。我在顶甲板上躺了几个小时，一直欣赏这奇观，而船此时正在波涛中"轰隆"前行。

极光总是吸引着我。我常常见到它，不过之前它总是与凛冽的寒风、脚下"簌簌"的积雪和呼出的白汽同时出现，这就是北极圈内高纬度地带隆冬的感觉。然而在夏季的北极是看不见极光的，因为极昼过于明亮。

我还清楚地记得1992年1月我在斯匹次卑尔根岛上第一次见到的极光。时值极夜，那时我对北极还一无所知，对这片地区也还没有了然于心。尽管如此，我还是远离了观测站，好让它的灯光不会干扰我观看这奇观。同时我当然也会携带武器，因为这里时常有北极熊出没。这里的一切对于我来说都很新奇。每一寸暴露在外的肌肤都可以感受到北极那极寒的空气——不过这空气不会在人身上结霜，因为它实在太干燥了。除此之外，还有零下30摄氏度气温下的雪地发出的那种奇特声响。人踩在雪地上，有时会导致几米开外处的雪盖上层破裂，并且发出响声，听起来就像黑暗中传来的脚步声，仿佛有北极熊接近。我不断安慰自己，那里其实什么也没有。我心里清楚这是雪盖破裂产生的现象。忽然从我身后几米的地方传来"咔嚓咔嚓"和"窸窸窣窣"的声响。是啊，那里是峡湾，发出声响的是峡湾中移动的冰层，不是北极熊，所以我可以继续站在这里，在这独特的北极空气中观看极光。

我就这样在户外站了好几个小时，像海绵一样把所有印象吸入脑海。斯匹次卑尔根岛上的极光根本算不上最活跃的——我们在岛上的观测站有些太靠北了。我回想起，我曾在芬兰北部沿着一条封冻的河流滑雪前行了几个小时，头顶的极光翻腾汹涌得还要更加热烈。

当极光在天际展延，天空就会显得无比寥廓。它变得立体了，比平日里更接近穹顶的形状，如同罩在大地上的一个硕大半球。极光的形状变幻不停，有时缓慢凝滞，有时稍微快些，但从不急促，散发着一种不可思议的宁静。

有人说，应该是有传说，极光出现时伴随着声音，但我从未听见过这种声音，所以将极光与北极绝对的寂静和它那无味的、极寒的空气联系了起来。

此刻我躺在"极地之星"号摇晃的甲板上，观看这场表演时，四周的气温甚至在零度以上。大洋中的空气截然不同，要温 31

暖得多，充满了各种气味。每个瞬间都拥有不同的记忆。人可以在极地旅行几生几世，还能每次都有新的发现——只要他愿意观察，将各种印象领纳入心。

从现在起，我们在每个晴朗的夜晚都能看见这样的奇观吗？南森的科考队就是这样记述的。

然而极光是复杂的。当太阳风与地球大气层相遇时，它就形成了。太阳风由带电粒子构成，主要是电子与质子。地球磁场会将这些粒子俘获，并且改变它们的运动轨迹，将它们一束束从极地上方送往地球。它们在此处呈椭圆形，落在磁极周围的高层大气中，使之发光。同时这些粒子也会改变磁场本身，从而造成了极光的千姿百态。不过两种因素使得我们之后不太可能经常见到极光——与南森在科考途中频繁看见震撼人心的天空奇景不同。

第一：极光在距磁极 20 纬度左右的范围内活动——而磁极以 10 年为周期进行移动。在南森的时代，它位于加拿大北部。近年来，它向地理上的北极点方向大幅推进，目前处于距北极点相对较近的位置。很快我们就会比南森当年靠北得多，也会远远比这位挪威人更靠近磁极。因此就极光而言，我们甚至太靠北了！的确，我们此次科考中的大部分时间都将在极光区的另一边度过，相距太远，无法清楚地看见极光。

第二，太阳风有 11 年的活动周期。南森在旅途中恰好碰上了一个太阳风十分活跃的阶段，而我们的科考正好处于其低谷期。

之后我们应该看不见什么极光了。所以今晚，我们久久仰望夜空。很快我们将抵达海冰区。

第二章　足履薄冰

夜里，我们将新地岛抛在脑后，正沿着东北航道穿过喀拉海，驶向北地群岛，到那之后就是海冰边缘区。前往北地群岛的路上，我们在开阔的水面上以约 12 节的航速，迎着凛冽的海风顺利前行。大海十分活跃，使得"极地之星"号欢快地摇来荡去。太阳很少露面——这些日子里一贯如此。

最新的卫星地图显示，之前观测到的位于北地群岛东部的冰舌已后退了一些。所以我们决定选择这条路——向北绕过北地群岛，然后试着突破群岛东部的冰舌，从而进入拉普捷夫海的开阔水域。我们选择了前往北极角的航线。北极角是北地群岛的最北端。

巴伦支海、喀拉海和拉普捷夫海都是西伯利亚大陆架上较浅的边缘海。这里的海洋很少深于 200 米。回声测量器经常显示，从海面到海底仅有几十米。"极地之星"号自身却已有 11 米的吃水深度——而该区域的海图又不太可靠且尚不完善。

33 　穿越喀拉海途中，我们会经过两座小岛——乌沙科夫岛（Uschakow-Insel）和维泽岛（Wiese-Insel）①。领航员根据海图确定了一条航线，应该可以确保我们安全通过两岛之间。这里的水深应该大都超过 150 米。可是测深锤的指数突然急剧下降：100 米，80 米，60 米……只有 35 米了！值班船员当即冲上舰桥，奋力把船舵转左，使船远离右舷一侧的维泽岛。现在水深很快重新变深，一切顺利。之后，我们不得不进行第二次转向。直至今日，浅浅的喀拉海依旧有待进一步测绘。

2019 年 9 月 25 日　第 6 天

我们在距海岸仅约 20 千米处时绕过北极角，那时正值清晨。我们看不见北极角，因为天空阴云密布，雾气弥漫。这样一来，我们就错过了再看陆地最后一眼的机会。现在我们到了拉普捷夫海，海冰不久就会出现。

起初我们向东南方向航行，以期向南绕过冰舌，然后我们毅然向东转向，径直驶向海冰。现在所有人都紧张地期待着抵达海冰边缘区的时刻。从中午开始，大部分人都涌上了甲板，或是在舰桥上出神地眺望着远方。

---

① 乌沙科夫岛与维泽岛都属于俄罗斯，位于喀拉海北部，两岛相距 140 千米。——译者注

北极有种独具一格的淡雅隽永之美。也许这种美不够有冲击力，无法在第一眼震撼人心，就像南极之美那样。南极有令人屏息的冰山，宏伟壮丽得无以复加的冰盖，还有啼鸣的企鹅与其他世界最大的动物群落。

北极的美则需要用心体会。构成北极之美的是绵延无尽的广袤海冰。这里绝对的寂静只会被轻轻的窸窣声打破，那是碎冰裂开的声音。空气凛冽，晶莹的雪花轻舞于辽阔的冰面之上，独特的光影随着不同时节缓慢地变化。

这里当然也有更喧哗激烈的印象，比如相互挤压的冰脊勃然隆升；威武的北极熊从旁经过；超凡脱俗的极光划过天际。可是如果有人问我，什么是北极的特色，我想应该是那些轻柔的印象。它们需要细致入微的观察与专注缓慢的感受，总是吸引着我一次次重返北极。

34

开阔的海面上，出现了第一批从我们身边缓缓漂过的浮冰。起初它们还比较小且细碎，但后来浮冰变得越来越大，数量越来越多。在第一批浮冰里的其中一块上，也就是船的左舷前方，我们发现了一头北极熊。只见它凝神静气地坐在那里，好奇地打量着船只。当我们向它靠近时，它似乎意识到这个蓝、白、橘三色相间的钢铁巨物非常可怕，于是纵身跃入水中，遒劲地划着水游走了。

之后，相当突然，大约三点钟时，我们望见前方只有白茫茫的一片。

尽管还没抵达海冰边缘区，但我们已经能在天边望见它了。头顶的天空是一片灰色，但前方的天空却是亮白的，这形成了鲜明的对比——这是冰原的反光。

这种现象是因为冰面会将大部分光线反射回云层——不同于我们仍然航行其上的无冰的深色洋面。可以说冰面在天空中绘制了自身的倒影，使得天空明亮发光。反过来也是一样，当人置身冰原中，无冰的水面会在地平线上多云的天空里映出一块看似预示着危险的灰色，然而那里的云层实际上是白色的——这就是"天映水"①。不了解该现象的人会以为，一场猛烈的风暴即将来袭——实际上该现象的成因只是云层下方的区域无冰，云层没有受到冰面反光的映照而已。航海家惯于利用"天映水"，借此寻找冰原中未封冻的水道。水道能使航路更加通畅。如此一来，在亲眼见到无冰的航道以前，他们就可以预判它的方位。

然后，我们终于抵达了海冰边缘区。为了进入海冰，船体向上翘起。撞上坚硬的浮冰时，整艘船都颤动了一下。接着我们的"极地之星"号开始了它最爱的表演——它英勇地在浮冰中杀出一条路来。一时间响起"喀啦喀啦""吱吱嘎嘎""咕隆咕隆"等一连串浮冰裂开的声音。浮冰将船撞得左摇右晃，然而"极地之星"号势不可挡。这艘船只是偶尔被一些较大的浮冰卡住，不过不久它就会破开冰块，继续前行。

面对较厚的浮冰，"极地之星"号会略微抬升，把浮冰压在船下，用自身的重量压碎冰块——破冰船的船艏之所以被设计得扁平圆钝，正是为了使用这个破冰方法。从船艏的位置开始，冰

35

---

① "天映水"是译者根据德语词"Wasserhimmel"和上下文情景创造的词语，在中文中尚未找到该词的对应表达。——译者注

面上出现了一道接一道的裂隙。"极地之星"号就沿着这些裂隙一路劈开冰层。轮船穿过浮冰，向前推进时，被破开的浮冰碎块垂直地漂浮在船舷两

"极地之星"号于 2019 年 9 月 25 日抵达位于北地群岛东部的海冰边缘区。

侧。我们在冰上的航速甚至达到了 7 节。只有在冰层较厚的地方，航速才会减慢至 2～3 节，但是轮船几乎从来没有完全停下过。

接下来该用到这艘船的第二种破冰方法了——冲撞法。使用该方法时，开足马力前进的"极地之星"号可以在极短的时间内调转航向全速后退——这时螺旋桨在水中朝反方向强劲地旋转，从而产生向后的推力。船体因为动力的骤然转向颤抖起来，然后开始向后移动，退回到来时在浮冰中开辟出的水道里。随后它再次转向，全速向前，凭借其庞大的吨位制造出的巨大冲击力，再次猛然撞入冰层。理想情况下，浮冰受到这个钢铁巨物的冲撞以后就会碎裂，航路便畅通无阻。不过有时必须多次重复这项操作，浮冰才会让出一条路来。

在无冰的海面上，船只的航行是匀速且可预判的。人们可以

36

29

在一定程度内预判船只接下来会朝哪个方向倾斜。风急浪高时，如果船上的人要上楼梯，最好稍等片刻，等待上涌的波浪助推自己上行，不要同浪涛一上一下的节奏反着来。在海上航行一段时间以后，船体的律动已经像设定好的程序一样根植于我们自己的动作节奏里。

可是眼下"极地之星"号在海冰中穿行——冰上航行的感受大不相同。

即使之前已经相当顺畅地航行了几分钟，船身依旧随时可能毫无预兆地向上翘起。当船只慢慢靠近一块浮冰时，会猛然倾斜。有时船身会平白无故地抖动一下，震荡全船的突然撞击也是家常便饭。令人诧异的是，我们现在正穿行其中的冰舌里蕴藏着大量坚硬的、厚度超过两米的大块浮冰。北地群岛附近的海冰应该发生过剧烈的挤压运动，从而产生了这些堆积在此处的浮冰。当我们向这群浮冰中的一块大浮冰驶去时，前方船头处就传来响亮的"咔咔"破裂声。"极地之星"号向一侧倾斜，用自身的重量和动能碾碎冰块。这时，人在桑拿房里的感觉尤其强烈——桑拿房位于船上非常靠前的位置，几乎就在船头，与吃水线齐平，紧邻船舷。在那里，人们常常可以听见冰块撞上船身后和被船推开时发出的声响。船上桑拿房里的人正在大汗淋漓，船外厚厚的海冰径直撞向船体，制造出巨大的"喀啦"声，与桑拿房里的人仅一墙之隔。冰上航行时，桑拿房里总是人满为患。

2019 年 9 月 26 日 第 7 天

我们连夜破冰，穿过了冰舌里最艰难的一段，目前继续向东航行，只需穿过交替出现的小块浮冰、冰原和开阔的水面。此处的冰盖时有时无，这是校准磁力仪的好机会。为此，上午我们沿着标准的"8"字航线航行了一圈，构成"8"字的两个圆圈的直径均为 3.4 千米。这样一来，我们从各个方向穿越了地磁场，重新校准了磁力仪，以便在接下来的旅途中使用。科考中，我们可以在漂流时用磁力仪精确地测量磁场。

37

2019 年 9 月 27 日　第 8 天

我们在北地群岛东部的冰上航行时，已经驶出了较浅的大陆架海，进入了北冰洋中央的洋盆。这里大部分区域的水深可达 3000 ～ 4000 米。不过在我们目前所处位置的正下方有一个令人胆寒的海底深渊，其中心深度约有 5500 米。这就是加科尔深渊（Gakkel-Deep），北冰洋中最深的地方之一。

今天我们不会再继续前进了。在这一天接下来的时间里，我们都在打捞之前的科考队在此处海底安装的四台仪器。工作进行得非常顺利——截至傍晚，已经成功回收了四台仪器中的三台。它们被放在甲板上，等着之后由"费多罗夫院士"号送回陆地。

我们可以好好利用这次休息的机会——我和几名同事一道，趁机拜访了我们的护航船"费多罗夫院士"号。

因为这艘俄罗斯籍的科考破冰船比我们晚一天从特罗姆瑟出发，所以两艘船至今还没打过照面。两船之间的交流也颇为不易，因为相隔太远，无法直接用无线电通讯，而卫星通讯又噪声太大且经常中断，但我们很有必要与俄罗斯的同事们商讨我们的计划，即眼下如何进入浮冰群。

我们将飞越开阔的水面。于是，大家穿上橘色的救生服，当直升机在水面紧急迫降时，救生服能提高人的生存概率。救生服既不透气也不透水，为了挤出衣服里多余的空气，起飞前我总会跪坐片刻，之后这套救生服就会像真空袋一样被压紧。我们还戴上了头盔，然后登上船上两架 BK-117 直升机中的一架。它们正在"极地之星"号的停机坪上待命。

38 　　直升机从甲板上缓缓升空，当它朝"费多罗夫院士"号调转方向时，机身微微倾斜。因为直升机上的噪声很大，我们都是通过头盔中的内置话筒和耳机交流的。飞机下方被破冰船破开的冰原宛如一幅嵌在深色洋面上的马赛克画。大约十分钟后，只见"费多罗夫院士"号巍峨雄伟、红白相间的船身耸立于我们下方。

　　"极地之星"号与"费多罗夫院士"号几乎同龄——船龄都接近四十岁。它们虽然都有些年头了，但仍然属于世界一流的科考破冰船。我在会议室里见到了同事们，其中就有 AWI 研究所的托马斯·克鲁彭（Thomas Krumpen）。我委派他主持"费多罗夫院士"号上的工作，还有弗拉基米尔·索科洛夫（Vladimir Sokolov）。他是圣彼得堡（St. Petersburg）北极与南极研究所（Arctic and Antarctic Research Institute, AARI）北极高纬度科考部（Abteilung High-Latitude Arctic）的负责人，年纪在65 岁上下，是极地科考后勤保障方面最权威的专家。我与弗拉基米尔相识多年，一直十分敬重他，很看重他的意见。现在亟需解决的问题是，我们应该在哪里寻找？又采取何种方式寻找漂流时可以长期停泊的浮冰？接下来的一年里，这块浮冰将会是我们科考期间的家园。

目前为止的航程与卫星数据的评估结果均显示，找到一块足够稳固的浮冰并非易事。我们不得不划定一个极大的搜索范围，为此我制定了一套方案——为了覆盖尽可能大的区域，我们要分头行动。"费多罗夫院士"号将进入北纬85度，东经120度附近的区域搜寻。在那里，俄罗斯的米-8直升机可以飞往众多的备选浮冰进行考察。它的续航距离比我们的两架BK-117更远，可以在更广阔的区域内活动。我们"极地之星"号上的人则前往北纬85度，东经135度附近的区域，仔细勘察那里的浮冰。

2019年9月28日 第9天

清晨，剩下的第四件仪器也从海里打捞了上来。现在我们向北行驶，深入北冰洋中央，直接前往目标区域。我们计划从这里进入浮冰群。起初轮船还经过了几片无冰的水域，之后很快就要穿越封冻的冰面了。我们已经抵达了位于北冰洋中央的冰盖，这就是接下来一年里我们的生存空间。

一天中的大部分时间里，我都在研究最新的卫星数据，想要从中获取关于目的地冰层条件的信息。这些图像来自雷达卫星——雷达卫星发送电磁波，然后测量冰面对电磁波的反射情况。雷达卫星传回的数据会清晰地显示出冰层结构、未封冻的水道以及所有完好无缺的大块浮冰。

初秋时节，北冰洋上的海冰主要是夏季里没有消融的"浮冰岛"。各个"浮冰岛"间漂浮着大片的"浮冰废墟"。"浮冰废墟"就是大块冰山经过长期的漂移和碰撞后，破碎形成的一个由完好的小型浮冰块、碎冰块和被彻底粉碎的冰碴组成的混合体。

39

"极地之星"号向北冰洋深
处的冰盖驶去。

40

为了搭建科考营地，我们需要一座这样的"浮冰岛"——它应当足够大且完整，能够承载我们的基础设施，使轮船在浮冰中有一个固定的停泊点，给为期一年的漂流增添一份安稳。因此这块浮冰厚度至少需达一米，可能的话，最好还要再厚些。我们希望在它周围有较薄的浮冰和正在结冰的无冰水域，因为我们想要研究各种海冰类型。

虽然通过卫星图像可以辨认出浮冰岛，但是无法得知它们的厚度。所以我们必须带着 GEM 设备①乘雪橇横穿浮冰，或者驾驶装有 EM-Bird 设备②的直升机飞越浮冰。GEM 和 EM-Bird 是可以测量冰层厚度的电磁传感器。如果要勘察浮冰的内部结构，评估其承载力与稳定性，则别无他法——必须亲身踏上浮冰，钻

---

① GEM 是美国 Geophex 公司生产的一种轻便、快捷、应用范围很广的多频电磁探测仪。它可以用于探测浮冰的厚度。——译者注

② EM-Bird 是德国阿尔弗雷德－魏格纳研究所研制的一种可用于测量海冰厚度的设备。该设备一般搭载在飞机或飞艇上使用。——译者注

取冰芯。

"费多罗夫院士"号上的同事们已经开始了这项工作。因为他们不必费时去打捞洋底的仪器，所以早已抵达了搜索区域。我们则需要至少厚达一米的浮冰。现在我们从俄罗斯的同事们那里得到了第一手消息。他们的话证实了我们的担忧。

我们知道，北极圈今年又度过了一个气温极高的夏季。我们现在所见的，正是酷暑带来的丧气的后果——检验的第一批浮冰中，即便最厚的冰块也仅有 60 ～ 80 厘米厚，而且只有 30 ～ 40 厘米厚的上层部分具有一定的稳定性。因为温暖的海水融化并冲蚀了浮冰的下层，致使其如同海绵一样布满孔洞与融化造成的沟壑。浮冰的下半部分完全被蛀空，几乎与上方较为坚固的部分决裂，毫无稳定性可言。

再者，这些浮冰上大部分地方都布满了夏季里形成的融化坑。融化坑的底部之前已经融穿了，现在融化坑上方又重新覆盖了一层 20 ～ 30 厘米厚的新冰。夏天结束时，这些冰块上的孔洞比瑞士奶酪上的还要多。虽然现在到了初秋，融化坑上方被新冰封住，已经看不见这些孔洞了，但是浮冰的表面依然很脆弱。我们不可能在这样的浮冰上安营扎寨。它在我们脚下很可能随时碎为粉尘，只要风暴一来，船就会被裹挟而去。

尽管我们勘察过的浮冰数量还不算太多，但我已经真的开始担忧起来。如果所有浮冰都是如此，我们又如何才能完成这次科学考察？这种情况完全可能发生，因为它们怎么就不会全都一样呢？毕竟它们都在同一片海域，经历了同样的夏季，而且在卫星图像上看起来也十分相似。难道这次科学考察都还没有开始，就

41

要被宣判失败吗？

我很快有了这样一个想法：我们需要一块与众不同的浮冰。勘察一堆相同的浮冰也许收效甚微，反正到头来所有这些浮冰都不够格。我们需要的是一块特别的浮冰。它使我们的科考能够进行下去。它为我们提供稳定的停靠点。冬季冰层大体上变得更加坚固时，它是我们外出作业的出发点；明年夏季薄冰融化破碎时，它是我们的后盾。我们需要这样一片"特殊的雪花"[①]，一块雪花般独特的浮冰，和那一大堆不中用的冰块截然不同。我们一定要找到这样一块浮冰，挽救这次科考。

一小时又一小时过去了，我对着卫星图像苦思冥想，试图去理解我所看到的图像。大块浮冰看上去好像连成一片的深色岛屿，有别于其他浅色的浮冰。浅灰色的阴影则表示，大块浮冰之间有粗粝的冰碴。这时，在几十张卫星图像里，茫茫北冰洋中的一块浮冰引起了我的特别关注。它长约 3.5 千米，宽约 2.5 千米，和所有大块浮冰一样，大部分呈深色。然而它的北部蕴藏着一个长约 1 千米，宽约 2 千米的宽阔的核心区域。卫星图像上，该核心区域呈浅色，与完整浮冰周围的"浮冰废墟"的颜色相似。但是在一块除此之外都完好无损的浮冰中间，为什么会存在一个冰碴汇聚的"湖泊"呢？什么样的力量可以把浮冰中部碾碎，却不会伤及周围的冰块呢？通过进一步观察，我发现与浮冰之间典型的碎冰相比，这块核心区域的颜色还要更浅。我研究图像时，一直在琢磨这一块浮冰。这就是我一直苦苦寻找的"特殊的雪

---

① 据说每一片雪花都不尽相同，固有"特殊的雪花"一说。——译者注

花"吗？

深夜，我决定向这块浮冰进发。第二天晚上的组会上，我   42

向科考队员们展示并介绍了这块浮冰。不过我还想中途察看一些

这片海域里典型的"浮冰岛"，所以选择了一条"之"字形路线，

最终目的地是那块有着浅色核心区域的浮冰。

2019 年 9 月 29 日 第 10 天

黎明，我们在东经 129 度，北纬 84 度的位置，驶向第一块

有待考察的备选浮冰。可是它的具体位置又在哪里呢？我们手上

的卫星图像拍摄于卫星上一次飞过北极上空时，距今已过去近

24 小时。从那之后，我们就如同盲人瞎马——浮冰以变速继续漂

流，并且会因为潮汐和北极冰盖的自然振动[①]而频繁转向。我们

在舰桥上紧张地盯着扫描外部环境的海冰探测雷达，将雷达上的

图像轮廓与卫星最后拍摄的图像进行对比。我估计了一下洋流的

大概位置和方向，辨认出在航行过程中见到的一些小块浮冰。经

过一些训练以后，我们已经可以熟练地将卫星图像上的浮冰与海

冰探测雷达显示出的绿色色块对应起来。我们就这样摸索着，慢

慢接近了那块浮冰，后来在雷达上，我们也清楚地认出了它。

轮船放慢了航速，我们站在舰桥上瞭望浮冰。终于，即使没

有雷达，我们也能清晰地看见它了——那是一片宽阔的、近乎光

滑的冰面，处于无垠的冰漠间。

---

① 自然振动，又名固有振动，指的是物质系统从外界取得一定能量开始振动以后，
在不再受外界左右而阻力又可忽略的情况下的振动状态。——译者注

轮船停下了。我们不想破坏潜在的备选项，于是准备乘直升机登上浮冰。我和一个勘测小组乘直升机起飞了。这个小组由几名海冰专家和一名防熊队员[①]组成。

远远地绕着浮冰飞行时，我让飞行员驾驶飞机向左绕浮冰一圈，这样我就可以在飞机副驾驶的位置上仔细地近距离观察它了。它的面积相当大，有一条横贯东西两端的冰脊，还有一些纵横交错的较小的冰脊。另外，它的东部有一条未封冻的水道。这很可能是一个理想的科考营地选址——船的一侧是较老的浮冰，另一侧是水道里正在形成的新浮冰。这一切都称得上完美！

可是这块浮冰足够厚吗？我决定在浮冰上的三个地点都降落一次，以便测量冰层厚度。直升机小心翼翼地将它的起落架放在第一个降落点上。无人知晓此处的冰层有多厚，能否承受直升机的重量。飞行员关闭直升机动力时，动作非常缓慢，一旦浮冰破裂，随时准备重新起飞。飞行员让直升机的全部重量循序渐进地落在了冰面上——浮冰完好无损。

我们走出直升机——现在我们真的就站在北方地极的冰盖上了。远方的地平线处，阳光透过纤薄的云彩，使万物浸润在黄色的光线里。气温零下 8 度，风不大。降落点的冰面平整得引人注意。微风吹得一些晶莹的雪粒在我们脚边轻柔地盘桓。远处是变得微如芥子的"极地之星"号，那是我们安全温暖的家园。

我们没空享受这个时刻，而是立即开始了钻探工作。才几秒

---

① 防熊队员，指在北极科考中负责放哨望风的人员，通常由科考队员轮流担任。防熊队员的主要职责是观察并报告北极熊的动向，以避免人员和动物伤亡。——译者注

科普
小贴士

"海上堡垒"

多国卫星从太空中长期观测北冰洋海冰。它们测量辐射，并向地球发射电磁波。通过地球表面对电磁波的反射状况，可以推断地表的质地。通常可以从图像上辨认出单块浮冰的大致轮廓。科学家们尚未掌握海冰所有的反射特性，所以有时卫星图像会颇为神秘难解——正如我们的海冰上那片浅色的核心区域，在亲眼见到并用仪器测量之前，只能进行推测。MOSAiC 计划中的测量工作将大大有助于对卫星图像的解译。

钟，钻头就已经钻透了冰层。情况看起来不是很好。我们的脚下 44
几乎没有冰！我们将测锤放入钻出的冰洞里，又把它向上提了一下，好让这个小块重物卡在冰下，然后读出测量带上的数据——不足 40 厘米！我们又在该地点附近迅速地进行了几次钻孔测量。所有结果都在这个数值上下浮动。我用脚把积雪刨到一边。冰面闪烁着湿润的光泽。我又摘下手套，用手指划过冰面，再放进嘴里尝了尝——是海水。我看见和尝到的尽是湿润、咸味的冰面。这块浮冰已经完全被海水浸湿了——冰层很薄，咸味的海水从浮冰上细小的水道里向上渗出冰面。

另外两个着陆点的情况也是一样的，冰层厚度相近，浮冰表面都被浸湿。我们立刻明白了——这不可能是我们的冬季驻地！

我们飞回科考船。直升机下方，各种类型的海冰拼成一幅马赛克般的画，在夕照下闪耀着粉色的光泽。较老的冰脊、大块浮 45

我乘直升机勘探的第一块
浮冰。

冰以及冰棱宛如丝带，尤为醒目，编织出一张绵延天际的无边大网。其间分布着颜色较深的斑块，那里有新的浮冰正在生成。

因为海冰一刻不停地在运动，所以冰盖总是不断开裂，从而形成开阔的水域。它们在初秋时节很快就会被新结的冰层封住。首先是在水中生出单个漂浮的冰晶。水面上薄薄的一层冰晶会变成黏稠的冰水混合物。这种"冰泥"（Slush-Eis）会抑制水面上较小的波浪。在无冰的水面，只要有一点微风，就会有这种小浪在嬉戏舞蹈。然而冰晶让海水变得疲软了。稠密混浊的海水在浮冰之间晃荡，仿佛上面盖了层厚厚的油脂。

这时冰晶粘连在一起，冰晶间的水也开始冻结。如果有风，这块正在冻结的"冰泥"会不断破碎，分裂成许多小块。这些碎块相互撞击多次，致使它们的边缘向上卷起。于是就这样生成了一个杂乱无章的小块浮冰堆。这些浮冰的边缘因为受撞击后向上卷，状如煎饼，所以也叫"煎饼冰"（Pfannkucheneis）[①]。当上述所有条件俱全时，水面上就会漂浮着"煎饼冰"。

如果结冰过程中风平浪静，单个冰晶粘连时会首先形成一层脆弱的冰壳。起初它的颜色深而透明。这种形态的新冰被称为"深尼罗冰"（Dark Nilas）。随着表面逐渐粘上更多冰晶，冰壳变得愈发坚固，颜色变浅，转变为"浅尼罗冰"（Light Nilas）。冰壳的承重能力随时间推移而增长。冰壳厚度超过 15 厘米以后，就能够承受人体的重量，当然这也受其他条件的影响。

不过这样的冰层并不十分坚固。假使深尼罗冰或浅尼罗冰不均衡地受力，冰壳之间就会相互挤压交叠。在大面积新近结冰的区域，通常会出现一种典型的纹路——交指纹（Finger-Rafting）。这种纹路看上去的确好像交叉相叠的手指。

从冰面飞回轮船时，只见浮冰形成过程中的各个阶段铺展在我们下方。坚固的较老的大块浮冰之间是布满"煎饼冰"的冰面，还有大片的深尼罗冰与浅尼罗冰。它们都披着绝美的交指纹。

无边无际的冰雪马赛克之中，"极地之星"号远远地伫立在斜阳那端，缓缓地，我们靠近了。我们绕着这个小世界飞行一周以后，在直升机停机坪上安全着陆。

回到船上以后，我们又接收到俄罗斯的同事们从"费多罗夫院士"号上发来的新消息。在此期间，他们又继续实地勘测了许多大块浮冰。所有结果都与我们的一样令人失望。这些大块浮冰

[47]

[①]　这种形状的浮冰中文学名叫"莲叶冰"。——译者注

科普
小贴士

多面的海冰

海冰与陆地冰不同。海冰下方没有稳定的基底。在洋流与风力作用下，海冰在北冰洋里漂流，分裂又聚合。海水在零下 1.7 ~ 1.5 摄氏度之间才会结冰——海水中的盐使冰点下降。结冰过程中，海冰上会形成内含高浓度盐水的水道。海冰通常不透明，呈现出乳白色。海冰内众多的孔洞、裂隙和盐水水道里存在特殊的有机物。海冰底部生长着长如挂毯的海藻。海水结冰的过程并不固定，它相当复杂，取决于风力、运动、气温等各项条件的组合。所以海冰在该阶段即呈现出不同的形式，例如冰泥、"煎饼冰"或浅尼罗冰。

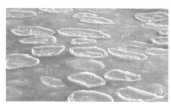

①海面覆盖着大量的冰泥。
②海面上的"煎饼冰"。
③浅尼罗冰中明显的交指纹。

都一样——太薄，太脆弱。

晚上，我与遥感勘探专家们一起商讨对策。在海洋卫星数据分析领域，他们都是世界级的专家。实地勘察过浮冰以后，我们现在可以更好地解译它们的卫星图像。这里的所有浮冰都很薄，而且被海水浸湿。湿润的表面不会反射卫星的电磁波，而是将其吸收。这也解释了，为什么雷达图像上所有大块浮冰都呈现出同样的深灰色调。

这一点真让人郁闷。我们不得不由此推断，这里所有的浮冰都和我们勘察过的一样薄。对于我们的科考而言，它们都不是合适的选择。我们应该怎么办？

不过至少遥感勘探专家们的理论支撑了我的猜想——"特殊的雪花"，也就是那块特别的浮冰图像上颜色较浅的部分的确相对较厚。也许，这当真是一块较厚的区域。有没有可能，这里的冰层被多次挤压后堆叠增厚，致使其崎岖粗糙且较为干燥的表面可以更好地反射电磁波，因此它在卫星图像中才会显得格外明亮？

我把全部希望寄托于一幅图像上，勘察附近的其他浮冰只是在浪费时间。我取消了之前制定的"之"字形航线。我们决定不留在此处过夜，次日也不再继续寻访其他备选浮冰，而是直接前往那块特别的浮冰。它是我们最后的希望。我们准备彻夜航行。

※　※　※　※　※

北极怎么了？

48

2008年3月，我时隔数年后第一次回到北极。阔别北极期间，我因为研究需要前往热带地区——西太平洋的海上科考，在位于南太平洋的帕劳（Palau）岛上

1992 年 3 月摄于孔斯峡湾的一张照片。冰山被冻在冬季的海冰里。20 世纪 90 年代，该峡湾在冬季会大面积封冻，可以滑雪或者乘雪地摩托在其上游览。

建立新的科考站，还有婆罗洲（Borneo）[1]与尼泊尔（Nepal）的科学考察。而这时，在我脚下的是位于斯匹次卑尔根岛西海岸的孔斯峡湾（Kongsfjord），北纬 80 度，距北极点仅 1000 千米左右。我们正飞往那里的北极科考站。这些年里，它已经成为了我的另一个家。我回想起第一次乘坐一架类似的小型飞机前往科考站的情形，那是 1992 年。从那之后，我对这片土地就像对自己的背心口袋一样熟悉。

想象中，我已经踏上了滑雪板，正在穿越封冻的峡湾，去到对岸的小房子那里，就像 20 世纪 90 年代时那样。当下，2008 年，我扫视了一眼脚下的峡湾——吓了一大跳。这是怎么了？现在是三月，这里应该只

---

① 婆罗洲一般指加里曼丹岛，位于东南亚。——译者注

有冰和雪，这可是北极的冬季啊！从来如此啊！可现如今，飞机下方一片风起浪涌、波光粼粼的景象，滑雪穿越峡湾简直成了天方夜谭。

　　飞机降落后，我来到海岸边，只觉胸中憋闷，一种不祥的预感不受控制地渗入脑海——眼前的世界正在消逝，而且无可挽回。从前，这里的冬天一片银装素裹——目力所及之处，皆是蓝冰白雪。而今，一片水波拍打着海岸，几乎触及我的双足。过去每逢秋季，船只便会被封存入坞。现在时值寒冬，它们依旧在水中漂荡。过去几十年里，这个峡湾每年冬季都会封冻，人们可以滑雪探访冻结于海冰中的蔚蓝冰山。它们在上一个夏季从冰川上脱落，然后滑入峡湾。虽说冰山依旧在，但现在要去山中游玩，需要的不再是滑雪板，而是一艘小船了。

2018 年 4 月摄于孔斯峡湾的同一地点。该峡湾已十年没有封冻。从前这里在冬季只有冰雪覆盖，现在全年海波荡漾。峡湾中的冰山消融速度加快。之前可以滑雪游览，现在则须乘船游览。

还有那冰川！我用目光寻找着冰川的边缘，可是没能找到。回到科考站，我对比了刚才在飞机上拍的照片和自己之前从相似角度航拍的照片。很明显，冰川后退的速度越来越快。与1992年照片中的冰川相比，今天的冰川边缘向内陆后退了整整2000米。

之后的几次短途旅行证实了我的印象。我滑雪前往一片陌生的地区。在原先布罗格布林（Brøggerbreen）冰川——距离科考站最近的冰川——耸然挺立的位置，目力所及之处，我只望见一片冰碛物①。这是冰川撤退时留下的痕迹。冰川走了。继续深入内陆相当一段距离以后，我才发现这座冰川的冰舌。

仅一年以前，北极的海冰量达到了历史最低值。北极气候变暖也已经广为人知。然而亲眼所见的感觉大不相同。

这里发生了什么？

从科考站的数据里可以得出答案：自20世纪90年代中期以来，北极的年平均气温上升约3.5摄氏度，增速远远大于地球上其他地区。北极的冬季平均气温增幅甚至高达7摄氏度，令人难以置信。20世纪90年代中期，北极年平均气温大约为零下5度，而今天该数值已接近冰点。可以预见，北极的年平均气温将超过0度。平均气温超过0度，而且是在北极圈内的高纬度地区！

千真万确，整个北极圈的变暖速度是世界其他地区的两倍。其冬季增速高于夏季，而斯匹次卑尔根岛的增速又冠绝北极。

---

① 冰碛物指冰川搬运和堆积的石块与碎屑物质。——译者注

50

1996 年 4 月的克朗布林（Kronebreen）冰川的冰舌。冰川前方的孔斯峡湾里有很厚的海冰。

2008 年 4 月的克朗布林冰川。冰川正在后退，冰川前方的峡湾里只有一层很薄的新冰。

~ 2 km

2018 年 4 月的克朗布林冰川。冰舌已后退近 2000 米。冰川前方的孔斯峡湾内没有海冰，只有开阔的水面。

海冰也随之后退——就每年夏末 9 月的海冰量最低值而言，过去 40 年里，该数值降低了 40%。如果将 20 世纪 60 ～ 70 年代潜水艇测量的海冰厚度与现在的海冰厚度相比，会发现它减少了近一半。如今只剩下当初海冰总量的四分之一左右。

而仅存的浮冰也更加易碎，融化得更早。同时，全年不化、随洋流漂流的老年海冰也因此大幅减少。这些老年海冰在漂流过程中不断改变形状，经过挤压堆积形成厚实的浮冰块。现在北极近 90% 的浮冰都很年轻，最多两岁。直到 20 世纪 80 年代中期，接近一半的北极地区都还覆盖着较老的海冰。极老的海冰，即四岁或以上的海冰业已消失——3 月里，仅有约百分之一的海冰得享高年。

北方的冰川正在后退，而且变得愈来愈纤薄脆弱。

在科考中，我们切身地体会到了这一点。

※　※　※　※　※

2019 年 9 月 30 日　第 11 天

凌晨 4 点半，我们抵达目的地，停泊在旁边的一片薄冰里，与目标浮冰保持安全距离。我用双筒望远镜瞭望浮冰，又反复察看雷达图像和卫星数据，想要找到一个可以暂时停靠的良港。我们现在的勘探活动绝不能破坏这块浮冰，也不能踩坏它铺满积雪的表面。毕竟在接下来的一年里，我们将跟随这块浮冰，并且对其展开细致的研究，所以务必要维持它的天然本色。船长史蒂凡·施瓦泽（Stefan Schwarze）凭借其高超的技术，驾驶着"极地之星"号灵巧地穿过浮冰群，到达指定地点，同时那块异常宝贵的浮冰毫发无损。以前乘"极地之星"号出海时，我就认识了史蒂凡，对他非常了解。数十年来，他已经陪伴着这艘船走过了北极与南极。他将在船上工作半年。到了科考的下半段，托马斯·翁德利希（Thomas Wunderlich）船长会前来接替他的工作。

我们在浮冰上的停靠点选得很好。右舷一侧有一块平整的空地，便于我们将进一步勘探所需的设备运送下船。雷达卫星图像中颜色格外浅的那片神秘区域在面前展开——正是这份神秘感吸引我们来到此地。通过双筒望远镜我看见，那里有一座冰块垒成

52

49

MOSAiC 计划中，第一次勘探浮冰时发现的"冰雕"。

的高大冰山，还有杂乱无章地相互交错的大块浮冰。太好了，目测它们又厚实又坚固！

站在舰桥上用望远镜就可以看出，在这里，仅仅钻探几次是不够的。我们面前这座由冰块相互挤压形成的冰山一定厚达数米。无论如何，这块浮冰都值得仔细的勘察。我们用右舷上的起重机迅速运送了一支小分队下到冰面。这支小分队配备了雪地摩托和包括 GEM 在内的设备。之前提到过：GEM 是一种通常装在雪地摩托上，可以一边在冰面上运动一边持续记录冰层厚度的仪器。接下来的几个小时里，GEM 将会在这块浮冰上沿"8"字型路线转上好几圈，同时测绘冰层的厚度。

这块浮冰由三片区域构成：最北端有一片低平而薄弱的冰层；稍微靠北的地方有一片厚实的、隆起的冰层；南端还有一大片同样低平而薄弱的冰层。这块浮冰上的冰层薄弱区域同我们和"费多罗夫院士"号上的俄罗斯的同事们迄今为止勘察的浮冰没什么两样。这里 70% 的面积都被厚度约 30 厘米的低平区域覆盖。这些区域布满了温暖的夏季里形成的融化坑。坑底已经完全融穿，只是如今在秋季又重新封冻。融化坑之间的冰层厚度大概为 80～100 厘米，其下半部分都是密密麻麻的孔洞。但是那块靠北的隆起的核心，长一千米，宽两千米，它才是主要的收获！因为这里的表面十分崎岖，所以雪地摩托和 GEM 几乎不能通行。不过，沿着可以通行的小径一路前行和测量，我们得到的测量结果大都是冰层厚达数米，那么中间高耸冰脊处的冰层肯定更厚。我们决定第二天继续勘探，然后就在浮冰上过夜。

53

2019 年 10 月 2 日　第 13 天

　　昨天我们更加细致地察看了这块浮冰。现在我们已掌握了足够多的数据，并于昨晚返程，回到了船上。早晨我们与"费多罗夫院士"号在指定地点会师——看见它已经到达，我们喜出望外。我们沿着船舷走去迎接他们。俄罗斯的同事们坐上了他们的"妈妈椅"①，朝我们过来。当船上的起重机将人员送往其他船上、冰上或者地面上时，"妈妈椅"就会派上用场。我们的"妈妈椅"是一个实用的橙色钢条箱。我曾多次在不同场合坐着它去到冰面上。"费多罗夫院士"号上的"妈妈椅"的形状则颇为独特。它的外观介于巨型鸟笼和超大号鱼笼之间。现在俄方代表走进了这个笼子里，起重机提起笼子，将他们送到我们船上。

54

　　我们又是拥抱，又是说笑，非常热情地相互寒暄以后——在

----

① "妈妈椅"是科考队员们对船上起重机吊笼的爱称。——译者注

北极，有多少时候能见到亲爱的老朋友呢？——我们回到了"蓝色沙龙"厅。我们即将做出本次科考中最重要的决定。房间里的气氛颇为紧张。让我们所有人坐立不安的问题是：我们应该在哪里进入浮冰群？哪一块浮冰适合我们的计划？这个决定将主宰接下来一整年里的科学考察的走势。关键在于，我们要选择正确的漂流路线，而且新的浮冰港湾要足够稳固。对洋流统计数据的长期研究帮助我们预判行程。从所有可能的起点开始的洋流预测图，我都熟记于心。我主张在东经135度，北纬85度的位置开始漂流。这是一个最佳点。选择起点时需要考虑的各种参数在这里达到平衡：以亚洲为原点来看，这块理想的浮冰不能在越过北极点以后漂得太远，因为这对于4月初为我们运送补给的飞机来说过于遥远。如果届时没有破冰船能够穿过冬季的冰层，将会由飞机为我们补充物资。假如这块浮冰太靠近亚洲，我们则可能漂至俄罗斯专属经济区，我们在这里没有获得科研许可。如果起点太靠北或者太靠西，我们很可能过早地离开浮冰群。如果太靠东，又有被卷入波弗特流涡的风险。这是波弗特海（Beaufortsee）里的一个浮冰流。海冰可以在那里旋转漂流数年。我们会很难从中脱身。

即使为这个决定已经做了充分的准备，我还是希望听取俄罗斯的同事们的意见。在选择北冰洋中的稳固浮冰上，没有人比他们更有经验。几十年来，俄罗斯友人们在北冰洋的浮冰上建立了诸多小型漂流营地，并且让它们顺流漂过北极点附近区域。生活在浮冰上的小木屋中的科考队员们当真把自己的命运完全交付给了脚下的浮冰。没有安全的船只供他们在紧急情况下撤离冰面。

"极地之星"号与它的护航 55
船"费多罗夫院士"号在一
片较薄的新冰上会合。

直到近几年，这些漂流营地计划才不得不终止。
如今的北冰洋里已经不再有足够厚实和稳固的浮
冰，人们再不能进行这样的冒险。

俄罗斯的同事们现在是 MOSAiC 计划热忱的合作伙伴。他
们给我们共同的科考行动带来了以前搭建漂流站时总结的经验。
我们一起坐在"蓝色沙龙"厅里，并肩面对着浮冰的测量数据苦
思冥想。双方的对话由口译员进行翻译。

"费多罗夫院士"号上的同事们首先汇报了他们对十几块浮
冰的调查情况——结果很不乐观。所有浮冰都完全不适合搭建稳
固的科考船停靠基地，也根本无法承载我们设想中的科考营地。
我们对这些浮冰的评估集中在"不行""根本不行"和"不予考
虑"之间。

接下来我们详细地介绍了我们的成果。那片"特殊的雪花"，56
即那块如雪花般特别的浮冰的测量结果显然震惊了所有人。

报告结束以后，我请弗拉基米尔·索科洛夫谈一谈他的判

在"蓝色沙龙"厅里宣布MOSAiC计划的浮冰选择结果。

断。弗拉基米尔开口以前总是深思熟虑，一向惜字如金，不过他说出的每一个字都百分之百值得信赖。他与他团队中专攻各个方向的海洋物理学专家们简短商讨了一番，随后总结了自己对于当下情况的看法。他说话时常常停顿几秒，为翻译留出时间。他证实了我的判断，即目前已知的几乎所有浮冰都不能满足本次科考的需求。令他惊喜的是，我们找到了那块特别的浮冰。他强烈建议我们，将它选作我们漂流的基地。他说完以后，他团队里的海冰专家们都一致点头表示赞同。这正好与我的观点相合，于是我宣布，就是这块浮冰了。尽管这一刻意义重大，但是没有人表现得过分激动——这是MOSAiC计划中相当典型的场景。大家只是微笑着点了点头，以此表达内心的喜悦之情。我们已经为自己找到了接下来一年里的"家园"！

我再一次对弗拉基米尔深思熟虑且言之有据的讲话表示感

谢。在此次科学考察的筹备过程中，我对他也常常怀有这样的心情。

两头北极熊造访"极地之 57 星"号与"费多罗夫院士"号的会合点。

　　这喜悦的一刻没有持续太久。仿佛有人拉了一下操纵杆，一分钟内，我们就已经开始规划科考行动的下一航段了。浮冰搜寻行动已经告一段落，我们不能再浪费时间了。冬季和极夜就要来了。

　　现在有以下几项待解决的事项：

　　➢ 构建浮标阵列。这是由各种设备与测量仪器构成的无人网点，分布在以基地浮冰为圆心的方圆 50 千米内。目前"费多罗夫院士"号应尽快进行该阵列的布局；

　　➢ 物资运输。从"费多罗夫院士"号上获取燃料补给；

　　➢ 建立中央科考营地。

　　我们立即成立了一个小组，负责根据已经得到深度分析的卫星数据评估"家园"浮冰附近的冰层状况。两个小时后，该小组 58

选定了一批适合作为浮标阵列总站的地点。"费多罗夫院士"号上的人员乘坐米-8直升机随即起飞，前往这些地点进行实地勘测。

与此同时，我乘坐"极地之星"号上的BK-117直升机前往我们的浮冰，想要在空中俯瞰它的全貌。现在必须决定，我们要停靠在这块浮冰上的哪一个位置过冬，以及如何前往选定地点。与我同机的还有激光扫描仪和红外线摄像小组。根据他们的测量数据，可以绘制出这块浮冰完整的三维地图。我们急需这份地图，以便进行科考营地的规划。

这时船员们正在传递输油的软管。接下来几个小时内，"费多罗夫院士"号要为"极地之星"号泵入上百吨燃料。漫长的冬季里，我们需要这些燃料。

晚上，"齐勒谷"，我们的酒吧开张了。大家高举伏特加和啤酒，我们与俄罗斯的同事们一同庆祝一个重要航段的胜利结束。这也是下一个航段的开始。

第三章　新的家园

　　早晨，天空在这几天里，第一次从云层中显露出来。我们忽然望见日落沧海，天际光明。多么壮阔的景象啊！这种氛围恰好与这不同寻常的一天吻合——我选定了浮冰上的停泊点并在与船长认真讨论后，做出决定：今天夜里就冲入浮冰。

　　白天，最后的物资运送工作结束了。从昨天起，我们从"费多罗夫院士"号上接收了一批又一批物资。为了作业方便，两艘船船尾相靠，并排而立。两台沉重的铲雪车被"费多罗夫院士"号的起重机运上了"极地之星"号。被吊起的铲雪车与"极地之星"号的舰桥擦肩而过，而且与此同时，两艘船还在水中自由地轻轻摇晃——这是一项必须精确到毫米的工作。有一回浮冰猛地将两艘船挤在一起，迫使"极地之星"号仓促起锚。为了方便起重机把物资送至船上的指定地点，两艘船交换了几次位置。在这以后，我们的船当真是装得满满当当，所以现在只能停留在可靠的稳固的区域。毕竟之前我们还从"费多罗夫院士"号上接收了上百吨燃油。

现在我开始计划前往浮冰的路线。我们绝不愿破坏沿途较小的浮冰，因为我们计划稍后在这些浮冰上组装浮标阵列，也就是监测站网络的仪器。眼下的问题是：我们的卫星图像有几个小时的延迟。这段时间内，浮冰已经漂远了。我用纸和笔计算出可能性最大的洋流流向，然后转换坐标，将路标的参数交给舰桥上的领航员，再由领航员将它输入到导航计算机。

下午7点，我已准备就绪，然后出发。

我待在舰桥上，监督着船只航行。海冰散乱无序地漂流，没有人敢断言我对浮冰位置的计算正确与否。现在外面已经非常昏暗了，仅剩一束纤细的光线挂在地平线上。舰桥上也暗了，人反而能更清楚地辨认出船外海冰的轮廓，可以更加专注地看着海冰雷达模糊勾勒出的浮冰形状。我从上面辨认出用于布局浮标阵列的浮冰。我们必须确定一条绕过它们的航线。原计划路线很好，我们只在一处被厚实的海冰挡住，被迫折向北方，险些撞上一块选中的浮冰。为了避开浮冰，船舵转右，然而轮船不怎么听指挥。如果冰层深厚，"极地之星"号不时会有些任性。幸好最终发现了一条水道，我们才得以继续航行，贴着浮标阵列浮冰的边缘经过，差一点就撞上了。

我们绕过了被选定作为主科考营地的浮冰，并与之保持着安全距离。我们将被封冻在这块浮冰上。假如我们在黑暗中没有看

到它，或是不小心穿过它，将它劈开，那就全完
了！很快，海冰雷达中出现了它的轮廓。现在我
们用轮船上的雷达图像判断方向。要成功搭建科
考营地，就必须精准地驶入正确地点，并把船安

"极地之星"号抵达它在
MOSAiC 计划中确定的最
终浮冰，并稳稳地停靠在
冰上。

安稳稳地停在那里。因此我事先计算了向浮冰发起冲击时的罗航
向①和冲入浮冰后的最终航向。我们的所见与计算结果相符：我
们处在正确的航线上，可以完美地停靠在我们的浮冰里。眼下它
就在我们前方，藏在黑暗中的某处。

　　船长与我低声商讨着，我们对航向做了一点细微的调整。其
余时候，虽然又来了几位同事，但舰桥上整体还是十分安静的。

---

① 航海术语，即轮船所在位置的罗经线北端顺时针测量至航向线的夹角。——译
　　者注

61　　所有人都全神贯注。决定性的时刻终于到了：冲撞过程中，我们不能破坏浮冰，而且必须严丝合缝地进入指定地点。那就是我们接下来一整年的居所。

　　透过窗户，在探照灯的光线中，一片巨大的冰面出现在前方——这一定就是我们的浮冰了！

　　此刻全靠船长丰富的经验了。整艘船上，如果有人担得起"老海员"的称号，那这个人非史蒂凡·施瓦泽莫属。几乎没有人能够像他一样，对这艘船和它在冰上的行动如此了如指掌。现在这一点起了决定性的作用，使船嵌入浮冰里的冲刺必须精准无误。如果用力过猛，浮冰会被我们撞碎；如果用力不足，我们就会过早停在冰上。只见他轻轻地向前推动舵柄。这个沉重的钢铁巨物在船舵的指挥下柔和地运动，逐渐加速，开始助跑。

　　现在浮冰正对我们。我用望远镜检验了一下我们第一次上冰测量时竖起的旗标的位置。航线恰好对齐。我向船长点了点头，他正精准地把握着掌舵的力度。轮船冲入浮冰时，舰桥摇晃着，

62　发出金属碰撞的声音。我们按照计划冲过了一个 AIS 站，它紧邻船的右舷，是我们第一次登上这块浮冰时留下的一个发射台。我最后同船长简短并轻声地交换了一下意见，让船头稍稍偏向左舷，幅度要小。停！

　　2019 年 10 月 4 日，22∶47，我们停住了。

　　轮船停在坚固的浮冰中，看起来稳稳当当。透过窗户，或是站在外甲板上，我们环视了一下自己所处的位置。船上的发动机继续转动。轮船停下以后，被冰紧紧包住的船头向后滑了些，不过轮船仅后退了几米。现在它像冰面上的一块石头一样，一动不

动。即使发动机不再运转，我们也停在原地不动了。为安全起见，船长又让发动机空转了几个小时，为了轮船一旦动起来，还有可以借助的动力。最后他关闭了发动机，整艘船一时寂然无声；只有一个小小的辅助性质的柴油发动机还在工作，它负责发电和供暖。

然后，大家都回船舱去了。这是一个重要而宁静的夜晚。船上每个人都思量着，接下来的几个月里，这里等待着我们的会是什么？

这天夜里，我研究了很久这块浮冰的激光扫描地图，同时我还站在舰桥上，借助探照灯的光线比对并辨认船外黑暗中海冰的形状，以此测算出我们在浮冰上的确切位置和方向。

2019 年 10 月 5 日　第 16 天

次日清晨，浮冰中的我们仿佛置身于陌生的星球，不仅是因为广袤的皑皑冰原与冰原上奇形怪状的海冰引人联想起外星球，还因为之前这里从未有人类踏足。

我们位于这块浮冰的东部。相较于那块由坚固海冰构成的浮冰核心区域——大家称之为我们的"堡垒"——我们处于其南方，靠近它的东侧边缘。在"堡垒"这片区域里，有一座高耸的由挤压形成的冰脊。这条冰脊划分出了"堡垒"与周围比较低平薄弱区域的界线——它被称作我们"堡垒"的"外墙"。从这条冰脊上分出一条较小的冰脊，直接延伸到轮船的船头之下。正是这条小冰脊让我们的船停下了滑行。与计划相符，轮船右舷外有一片平整的冰面，位于船体和"外墙"之间。这片区域是后勤保

63

MOSAiC 浮冰上的"冰雕"。[1]　　障区，用于卸载船上的物资。

64　　　　我同各组的组长一起制定了一份搭建科考营地的初步方案。这些小组长们性格各异，但都对我们宏伟的计划怀有一腔热情：马塞尔·尼克劳斯（Marcel Nikolaus）——AWI 研究所的同事——与我共同负责此次航行。他是海冰组的组长。在 MOSAiC 计划的筹备阶段，他大力推进实施各项计划，参与制定了诸多的科考步骤。精力充沛的艾莉森·方（Allison Fong）同样来自 AWI 研究所，是生态系统组的组长。该小组负责研究北极的一切生物。这次科考中，她获得了一个新绰号："链锯艾莉"——因为但凡需要在冰上锯出冰洞时，她就挥舞着链锯登场了，其勇力无人能挡。在科考的第一航段，来自哥德堡大学（Universität Göteborg）[2]的卡塔琳娜·亚伯拉罕森（Katarina Abrahamsson）是生物地理学组在船上的代表。该小组由爱伦·达姆（Ellen

---

① MOSAiC 浮冰指 MOSAiC 科考中主冰站所在的浮冰。——译者注
② 哥登堡大学为一所瑞典大学，位于瑞典的第二大城市哥德堡。——译者注

Damm）领导，不过她在下一航段才会来到船上。与卡塔琳娜的重逢令人喜悦——早在 1994 年，我们曾是南极之行中的旅伴，后来就失去了联系。不过极地科学家的圈子很小，总是说不定什么时候就又见面了。在船上，AWI 的方盈智（Ying-Chih Fang）代表人数不多的海洋组。该组由本雅明·拉贝（Benjamin Rabe）负责，他也将稍后上船。还有马修·舒佩（Matthew Shupe），大家都叫他马特（Matt），他供职于科罗拉多大学（University of Colorado）[1] 与美国国家海洋和大气管理局（National Oceanic and Atmospheric Administration, NOAA），并与我一同领导气象组。他堪称我们"气象城"[2] 的市长，担任了十几个科研计划的负责人。在 MOSAiC 计划的筹备阶段，他提出许多畅想，并参与了多项统筹规划工作。

我集结了一支小队，准备更细致地勘察这块浮冰，并为科考营地的主要基础设施点选址。

放下舷梯，道路无阻，直通冰面。我们先沿着那条较小的冰脊，步行前往"外墙"。"外墙"之后，便是我们的"堡垒"的核心部分：一片广阔而高耸的崎岖冰原，有一片布满直线型的冰脊，又有一片尽是形状奇诡、兀然耸立的冰块。有一个区域被我们称为"雕塑花园"，因为它的确好像一座雕塑林立的园林，静卧在被施了魔咒的宫殿里。

我们的计划是，以"堡垒"为轴线，将科考营地的主体部

---

① 科罗拉多大学为一所美国大学。——译者注
② "气象城"为此次科考中，科考队员们对气象学科考营地的爱称。——译者注

分建在一条直线上。这是一个完美的安排。电力系统和主要基础设施沿"外墙"的较大冰脊排布，除此之外还可以将部分测量仪器搭建在营地的轴线上，或者说从"营地脊梁"分出的较短支脉上。那里有遍布此地的薄弱海冰——我们想要研究的，毕竟是北极典型海冰的情况。主电路和光纤从"极地之星"号的船头开始，沿着之前提到过的较小的冰脊径直向前 200 米，越过"外墙"后在"墙角"处转向，然后继续沿主轴一直通到科考营地尽头。这就是大概的安排。

我们沿着"外墙"徒步。马特找到了一块建设"气象城"——气象组的科考营地——的完美区域，位于规划中的营地尽头。他选定了设立气象桅杆和"气象城"科研站的地址。各种测量仪器的主控计算机将放置于这座科研站内。科研站位于"外墙"之上，桅杆则在从冰脊到平原的过渡地带。海洋组在"墙角"和"气象城"之间的中轴线上为他们的"海洋城"[①] 找到了一块区域。

在去往"气象城"方向的不远处，规划在"外墙"附近的薄弱冰面上设立了遥感营地的雷达。我将"气球小镇"[②] 的位置安排在"海洋城"附近。这样一来，"海洋城"与"气球小镇"就可以共用通往"气象城"的主电路上的配电盘。鉴于从"气球小镇"放出的主要是系留气球[③]，它们将在冰面上方数百米处进行

① "海洋城"为此次科考中，科考队员们对海洋学科考营地的爱称。——译者注
② "气球小镇"为此次科考中，科考队员们对气象探测气球棚厂的爱称。——译者注
③ 系留气球是使用缆绳将其拴在地面绞车上并可控制其在大气中飘浮高度的气球。——译者注

大气探测，所以没有必要将"气球小镇"布局在具有典型性的冰面上。因此我挑选了一片平坦然而极其坚固的区域，它位于"外墙"另一边的"堡垒"之内。"气球小镇"里庞大且不可移动的气球棚厂在这里十分安全。的确，后来发生的事证明，"气球小镇"的所在地最为安全——不同于我们营地几乎所有的其他地点——它从来不会直接受到冰裂隙或新生冰脊的威胁。

制定计划的同时，我们也在阅读海冰的数据——我们试着分辨稳定的和较常发生冰层断裂的区域，并不停地对比自己所处的位置与雷达扫描地图上的图像。在冰原里，人很快就会丧失对距离的判断，因为几乎没有参照点。尽管如此，我们没过多久就将眼前的景象与浮冰地图统一起来，从而能够更好地理解浮冰的图像。我们频频停住脚步，钻探冰层，测量其厚度。在非安全区域，我们摸索前行，将沉重的金属棍戳入面前的冰面，以此检验冰层是否能够承受我们的重量。

海冰组组长马塞尔·尼克劳斯（Marcel Nikolaus）为"ROV 城"[①]选址。水下机器人将在这座"城"里潜入冰面以下。该"城"不能受到其他科考作业的影响，而且必须位于具有典型性的海冰上。所以它不适宜建在"外墙"附近。虽然有些冒险，马塞尔还是将营地位置选在离轴线较远的薄冰上，距离轮船约500 米。要将科研做到极致，有时就必须承担风险。这里将接入一条特别电路和专用数据线。"ROV 城"是最后一个建立的较大

66

——————————

[①] "ROV"为"遥控潜水器"（Remotely Operated underwater Vehicle）的英文缩写。"ROV 城"为此次科考中，科考队员们对遥控潜水器科考营地的爱称。——译者注

科考站——眼下海冰营地已初具雏形。

我们一直在全神贯注地工作。此时已完成了一天的任务——纤薄的云幕也蓦然揭开。将近正午，太阳露出了它的面孔，紧贴着地平线，使得万物都沉浸在玫瑰色的光芒中。这是北极的秋季天光，摄人心魄。我们就这么坐在雪中的冰脊上，感受着内心的情绪。四面几近平静无风，只偶尔听见脚下海冰的运动，发出轻微的摩擦声。无人言语。每个人都想独自体悟这样的时刻，将印象永存于心。反正它们总是难以言说的。

※ ※ ※ ※ ※

冰上城池

距离弗里乔夫·南森乘木帆船启航并主动进入海冰的封锁，已经过去了 126 年。他那不可思议的先驱功绩证明了此类科考的可行性。现在我们是乘坐现代破冰船效仿他的第一批人。

然而岿然不动的"极地之星"号只是计划的一部分。我们要在冰上建立一整座"城市"，"城中心"就是我们的后方。早在数年前，我们已写下关于该科考计划的最初想法与执行方案，比如停靠何处，如何在现有后勤条件下达成科研目标等等。从此以后，各种计划日益详细，参与其中的伙伴越来越多，我们也要在冰上完成他们的计划。甚至在我们首次踏上这块浮冰之前，就已经有了一幅"科考城"的草图。

当然，现在我们必须根据实地条件调整原计划。这

67

成功了——我们的浮冰具备所有要素，使得我们实现各种计划成为可能。

　　科考营地从轮船开始，越过较小的冰脊，沿三点钟方向通向"堡垒"，转弯以后又相对笔直地延伸至距船最远的"气象城"。"气象城"必须远离轮船，因为我们要在那里探测气流，而船体位于上风时，可能对气流产生影响。"气象城"的勘探计划规模庞大。十余种仪器将测量大气的所有参数，比如哪怕由最轻微的扰动造成的电流、光辐射、热辐射以及头顶的空气悬浮物和云层。过了转弯处——我们用所有人都能听懂的英语叫它"墙角"——不远，左侧就是"海洋城"。温盐探测仪及南森采水器，用于测量导电率、温度和水深，并在这里被放入大洋，采集水样。它们那体型大得多的兄弟只能被"极地之星"号上的起重机吊起，然后直接放入船体旁的水域中，并且稍后才会投入使用。还有诸多其他仪器使得"海洋城"成为一个设备齐全、能够观测海洋的所有重要特性的观测站。

　　从"海洋城"出发，朝轮船方向前进，就是遥感营地。营地里竖有散射仪和雷达。它们看上去与搭乘卫星在高空飞行的同类很像。接下来在线路右边出现的是"气球小镇"。这里矗立着系留气球和它的巨大棚厂。气球从近百米高的空中连续不断地传送数据。这条从轮船到"气象城"的线路上布设了电路和数据电缆，也开辟了供雪上摩托行驶的小路。

　　另外还有"ROV 城"坐落于船头的正前方。水下机器人（Remote operated vehicle, ROV）将从那里出动，拍摄整个冰下的地形地貌，测量水下的光照量，采集水样，勘测海冰底部地形并研究其生态系统。为了应对机器出现故障不能运转的情况，我们带了两台这种机器，一台叫"美女"，一台叫"野兽"。

冰上的固定设施还有采样中心。我们会全年在这里采集冰雪样本，所以现在就已经将那块地保护起来，不让任何交通工具进入。我们还会在这里进行移动测量，比如雷达扫描测量，其目的是观察冰面与雪原地形的变化。用于勘测雪、采集雪样本的场地，以及用于全年钻探冰芯的区域共有十余处。其中部分地区必须处于绝对的黑暗环境，因为海冰中和水中有些微生物对光线极其敏感，甚至会对轮船上的人造光产生反应。为了进行与之相关的实验，我们设立了一个"黑暗区"。它距离"极地之星"号数千米远，并且常年处于巍峨冰脊的暗影中。这次科考将全年对100多个复杂的气候系统参数进行详细的记录。一年中，还有许多其他同事在特定航段加入科考。(参见：后环衬中的科考营地导览图)

我们将尽可能细致地探测周围环境——大气、海洋、冰雪、生态系统以及生物地球化学特征——并且确定这些要素之间的相互作用。MOSAiC计划无可比拟的优势在于：我们在一个给定的时空范围内观测北极的整体系统，因此能够更好地探究这里正在发生的各种过程。我们还在以基地浮冰为圆心的方圆50千米内布设浮标阵列，从而增加了观测点数量，扩大了观测范围——大概等同于气候模型中一个网格细胞的面积。这使得我们的观测结果能够更好地应用于气候建模，其价值不可估量。截至今日，我们所掌握的北极圈腹地气候过程的数据寥寥无几。冬季的数据甚至是一片空白，因为在此时节，即便是动力最强的科考破冰船也无法抵达如此高的纬度。我们现在搜集的数据将为后世代代科学家所用。

※　※　※　※　※

长达数小时的勘探以后，我们心满意足地返回"极地之星"号。我决定允许每个有意愿的人登上浮冰——只要太阳还在地平线上滑行。

所以午餐后，我们在"极地之星"号附近划出一个由防熊队员守卫的安全圈，然后几乎全员都下到了冰面上。一些人只是在尚无人踏足、薄雪覆盖的冰

第一支勘探队完成工作后从 MOSAiC 浮冰返回船上。正逢极夜前的最后一次日落，这次太阳落下以后，近六个月都不会再升起。极夜从现在开始了。

南极阿特卡冰港附近的冰架前，被空气折射扭曲成各种怪异形状的冰山。

上图中可见的冰山与下图中飞机后方明显的海湾都并不存在。它们只是空气折射造成的幻象，出现在德国南极科考站——诺伊迈尔三号站附近。冰架上一马平川的冰面与地平线相接，才是实情。

面上默默漫步。其他人有的拍照，有的闲聊，或者干脆扑进雪地里。众人上空是一轮金红色的太阳，悬在地平线上——真是送给我们的乔迁新居之贺礼啊！这是我们极夜之前最后一次见到太阳。之后它便在漫长冬季开始时，落入了地平线之下。

但当时我们对此毫不知情。很难预判太阳究竟何时会最终消失在地平线上。因为即使它实际上已经完全位于地平线之下，有时还是可以通过海市蜃楼看见太阳。此乃一奇观：在极地，酷寒雪原之上的地平线处的景象往往是幻象，通常并非真实存在或者位于此地。

在南极时，我曾在远离海洋的冰架上望见过美丽的海湾以及漂浮其中的冰山，但它们根本不是真实的景物。那是欺骗双目的海市蜃楼。它可以使得相隔遥远的事物看起来好像就在地平线上，但实际上这些事物却在别处。

同样，这也适用于太阳。有时甚至可以在天上看到形状扭曲的太阳，而实际上它却已经沉于地平线之下很久了。南森就曾对此迷惑不解。根据计算，他当时所处的位置已经进入了漫长冬季，太阳早应该消失在地平线上，但他却又见到了太阳，这让他惊讶万分。他的报告中有一张手绘草图，记录了这样的日子里出现在地平线上的太阳，它是正方形的。那时南森还无法解释这样的现象。不过那份草图清晰地记录了，南森看见的是太阳在大气层各层上的折射图像。这些图像的叠加造成了太阳是正方形的错觉。

这些蔚为壮观、令人困惑的景象是因为大气层最下部的空气层密度不同所造成的。极地寒冷的冰面上方，靠近地面处，有一

69

70

71

科普
小贴士

日夜之间

北极以其极昼与极夜而闻名：夏季里太阳始终不落；冬季则终日为黑夜。在极昼与极夜之间的春秋时节有一段短暂的时期，太阳像在世界上其它地区一样朝升暮落。地理位置越靠北，这段时期则越短。在北极点，极昼之后直接是极夜，没有过渡时期。尽管太阳在极夜开始时已经位于地平线之下，但是周围环境不会顷刻间漆黑一片。起初天空中仍然残存一些阳光，光线的变化使极夜黄昏呈现出不同的阶段。区分极夜黄昏各个阶段的标准是，太阳在地平线以下的深度。通俗意义上的黄昏从太阳下落开始，以太阳低于地平线以下 6 度结束。这时无须借助照明设备，依然可以进行活动。然后，在太阳低于地平线以下 12 度以内时，是航海学意义上的黄昏。这时星星和星座已经清晰可见。接下来是天文学意义上的黄昏，太阳逐渐下沉至地平线以下 18 度。之后天空中不再有可见的光线，黑暗程度达到顶点。这种绝对的黑暗只会在北极圈腹地——北纬 84 度以北的地区出现。

个气温极低的空气层。在大气层最下部的一百米之内，气温随高度上升。这种分层结构非常稳定，能够抑制任何强气流产生。其内部能够产生温度、密度不同的空气层，而且它们之间不会相互干扰，都会折射光线。人站在地面从下往上看太阳，就好像从水底斜望着水面上的物体。我们好比置身于高密度的地面冷空气之海中，斜望着上方温度更高、密度更低的空气，这造成了光的折射，正如同水面一样。通常有多层空气层相叠，从而造成了地平线上怪诞而虚幻的景象。

72

太阳在我们面前完全消失以后，它将会沿着它那永恒的轨道，从地平线处螺旋下降。十月中旬以后，即便是最后一丝仅在正午可见的暮光也会成为明日黄花。10 月 22 日以后，太阳将处于地平线之下超过 6 度的位置，这时通俗意义上的黄昏就过去了。北极腹地将在冰天雪地的黑夜中僵卧数月之久，对一切人类生命满怀敌意。

要把太阳盼回来，得等到来年 3 月。因为我们无法确定彼时自己将漂流至何处，所以何时重见日光也就不得而知了——越靠北越晚。不过最晚到 3 月 21 日，那时即便在北极点，太阳也终将升起。等到那时，我们又已经在北极的漫漫长夜里经历了多少事呢？

2019 年 10 月 6 日　第 17 天

尽管我们已经选定了"家园浮冰"，而且甚至早于预期，但是时间依旧紧迫——有天光的时间只剩下两周，之后搭建营地的难度将陡然增加，不可与现在相提并论。但凡还有一点自然光，就不必启用基础设施，而且我们能够不受限制地使用直升机，观测浮冰全貌——在黑暗中无法进行吊运或者在无标记的冰面上降落。再者，冬季迫近，海冰增厚。"费多罗夫院士"号已经到了必须要撤离的节点，否则它将面临着和我们一起被封入浮冰群的危险，无法挣脱。我们给了"费多罗夫院士"号一周的时间布设浮标阵列，之后他们必须返航。然而在此之前，还得把我们船上的 20 多名科学家送上"费多罗夫院士"号，并从"费多罗夫院士"号上接来相同数目的研究人员。另外两船间还要再次交换仪器设备。问题是：这该如何进行？

我原本计划让"费多罗夫院士"号停靠在距我们的浮冰数百米远处，人员和物资交换在冰上进行。然而这一系列计划在海冰被侵蚀的现实上触礁。

轮船一旦开动，浮冰上薄弱不稳的部分就有破碎的危险。而浮冰中较为厚实坚固的区域，即"堡垒"嵌在较薄的海冰之中。 74要抵达此处，势必要破坏其他区域。我们驾船前往"堡垒"，冲入浮冰内部时，一路上也造成了一些不可避免的损坏，且还冒着破坏前方海冰的风险。如果"费多罗夫院士"号要停靠在我们的"堡垒"旁，也难免遇到相同的情况。再者，它之后返航时会再次破坏更多的冰面。我不愿意冒这个险。

于是我改弦易辙。为了不干扰此地脆弱的环境，"费多罗夫院士"号将停泊在距离我们浮冰的数千米处。替代方案是，在浮冰厚实的核心区域内找到一块可供沉重的俄罗斯米-8直升机安全降落的停机坪。而且我们可以从"极地之星"号上乘雪地摩托安全到达此地。这块冰上停机坪就是后勤行动的"气缸"①。我们可以在这里进行一切物资人员的交换。米-8直升机由于体积太大、重量太重，不能在"极地之星"号的停机坪上降落。

我与海冰组组长马塞尔一起动身寻找适合米-8直升机降落的停机坪。这块停机坪处的冰层须至少厚达80厘米，平坦而无隆起，而且必须可以从"极地之星"号骑雪地摩托出发，即使拖着满载的南森雪橇也能到达此地。显然只有在"堡垒"之内才能找

---

① 此处为比喻，指的是冰上停机坪为整场物资运输行动提供了场地。——译者注

到这样的地方，其他区域的冰层都不够稳固。

我们浮冰的激光扫描图极富有价值，并再一次充当了我们的地图。然而如何在一块不停漂流的浮冰上导航呢？固定地图使用的绝对坐标系在几小时内就会失去意义——我们的漂流速度毕竟时常达到 500 米 / 时，有时还要更快。短时间内，地球表面的固定一点相对于我们的浮冰而言，已经移动到了其他位置——坐标已失去意义，用 GPS 设备导航也是行不通的。

我们不得不另做打算。为了在浮冰上导航，并且更好地适应环境，我们创制了一套自己的坐标系：导航时要以浮冰上的一个固定点和一个固定方向为参照。我们选择"极地之星"号的船头为固定点，它的中轴线为固定方向。坐标由与轮船的距离和与轮船中轴线的夹角度数决定。为方便起见，我们通常用时刻表述后者——就好比在一个以船头为原点的 12 点表盘上进行表述。举例来说，我们是这样标记方位的：3 点～ 4 点钟方向1250 米，也就是从轮船右舷方向斜出 1250 米处。这套极地坐标系非常适合在海冰上进行导航，因此这块浮冰的地图也采用了该坐标系。只要"极地之星"号在视野之内，我们就可以用望远镜中的激光测量仪测出其与轮船之间的距离，并且根据船只中轴线判断所处方向。这样我们能够在浮冰地图上迅速确定自己的方位，并且可以再次找到在这块漂流的浮冰上标记下的位置。

如果我们距离轮船太远，或者需要更精确地表述方位，就可以借助舰桥上的导航系统。行程较远时，我们总是会携带转发器，它能在船上的导航计算机里显示我们的实时位置。舰桥可以用无线电向我们发送"极地之星"号的实时位置，以及我们距离轮船的精确距离和相对于船只中轴线所处的方向。这样我们就可以在海冰地图的坐标系里确定自己的方位。

根据这套基于定向的导航系统，我们可以在浮冰的激光扫描地图上找到自己的路线。我们首先进入"堡垒"，深入那片冰脊高耸的区域，正是挤压形成的冰脊造就了这块坚固厚实、与众不同的浮冰。接着我们穿过林立的冰块。这些冰块形状各异，有的上面还缀着小冰锥，仿佛有人为了迎接我们的到来而特意挂上这些装饰品。有一块冰块形如硕大的蘑菇，还有一块好像被封冻的北极怪兽的獠牙。也许冰脊上真的有未被发现的奇异生物呢？我有时觉得周围的一切如梦如幻，就会冒出这些念头。

冰块之间是平坦的冰原。穿行于这样的地形中，置身于北极冰盖的无垠冰原上，远离"极地之星"号，沧海一粟之感油然而生。天地寥廓，再加上想到方圆1000千米内都荒凉空无，心中难免会肃然起敬。

这次我们骑着雪地摩托，绕过地势崎岖的部分。每次转弯以后，都有一片新的风光展现眼前，此前从未有人类的目光落在这些各有千秋的"冰雕"上。那位在空无一人的北极旷野里随处创作的雕塑家，既不求观众，也不为掌声。

关闭雪地摩托的引擎后，一种震撼人心的寂静弥漫开来。我们常屏息片刻，静止不动，为的是不要让身上的极地勘探设备发出响声，好让自己完全沉浸在这份宁静中。现在大家都体察到了北极的精微之美。冰晶在微风中轻轻拂过雪地表面，发出轻微的摩擦声。这声响如此轻柔，只要浮冰稍有运动就听不见了。这就是让我爱上北极的印象。

76

2019 年 10 月 8 日 第 19 天

日间,风力增强,风儿摇动着作为路标插在冰上的旗帜。它驱使雪花扑向我们的面颊。因为寒冷,雪花几乎结成了冰晶,打在脸上就像针扎一样,火辣辣地疼。接近正午时,强风达到7 级,猛烈的暴风雪来了;风雪肆虐,能见度降到 50 米以下,无法从远处分辨出北极熊。为安全起见,我通知大家中止一切冰上作业,自己也回到了船上。狂风在轮船四周咆哮,撼动着一切建筑物。我们透过"极地之星"号舰桥上的全景玻璃窗观察着风暴——轮船就是供我们躲避外面大自然暴力的磐石,是安全舒适的庇护所。然而风暴留下了痕迹。下午,风暴有所减弱以后,从船头起,冰面裂开了一条缝隙。我们眼见着冰面迅速开裂,裂隙扩大,好像一条黑线蜿蜒着穿过浮冰,直到目力不及的远处。这里方才还有完好的冰盖,现在已被宽达一米的裂隙贯穿。接近一小时以后,浮冰

MOSAiC 浮冰上的第一道裂缝。科考过程中还会出现很多条裂缝。

才平静下来，然而裂隙还在。

2019 年 10 月 9 日　第 20 天 77

　　接下来的一天里，天气温和平静，能见度很高。现在能够清晰地看见，裂隙从船头开始，呈巨大的弧形向左舷延伸，穿过整块浮冰。它在那边不会干扰我们，因为那边是浮冰上比较薄弱的区域。而且裂隙距离规划中的"ROV 城"也较远——我们没有在被裂隙贯穿的区域搭建冰站的计划。我们明智地计划将几乎所有营地建在我们的"堡垒"的外侧——即冰层较为坚固的"外墙"沿线，也就是船的右舷一侧。

　　天空澄澈，空气流动少，使得地表温度迅速下降，降至零下15 摄氏度。来自位于地平线下已经看不见的太阳的黄色反光，映照在裂隙中的水面上。而且水面正在冒烟！雾气从水面上缕缕升腾，在风中婀娜起舞，与光线嬉戏缠斗。

一位北极熊妈妈带着它的幼崽在黑暗的极夜里出没，探查我们的科考营地。

78 探查完科考营地后，它们自在地嬉闹玩耍。

缕状雾的成因是，冷空气与较为温暖的零下1.5 摄氏度海水之间的巨大温差。温暖水面上方的空气上升，就好像热气腾腾的煮锅一样。这样就形成了对流单元——热气向上升腾的小股气流。水蒸气乘着这股风从海面上升，遇冷凝结，从而形成缕状雾。这种现象被称为"蒸汽雾"。在家乡，如果遇上寒冷无风的冬日，也能在未封冻的水面上观察到它。然而这场表演没有持续多久——裂隙上很快结了一层薄冰，切断了水蒸气的补给。我们抓紧时间，迅速采集了裂隙里的海水水样和初结的海冰。

冰上的建筑工作进展顺利。傍晚时，我们的主电路已经铺设至"墙角"。主电路勾勒出了未来浮冰上"街道"的雏形。

79 **2019 年 10 月 10 日　第 21 天**

时值傍晚，天色已黑，所有小组完成了冰上作业，回到船上。热成像摄像机的屏幕上忽然出现两个浅色的小点。那里有什么有温度的东西，并且正朝我们的科考营地运动。轮船探照灯很快揭晓了答案：一只北极熊妈妈和它不满一岁的幼崽发现了我们，想来看看冰上到底是些什么古怪新奇的玩意儿。它目标明确，直奔"海洋城"。根据它颜色很浅的皮毛推测，这只北极熊妈妈自己的年龄应该也并不大。也许那只小熊是它的头生崽。不过它已经知道该怎么照顾自己和孩子了——两头熊的营养状况都很好。它们都长得又圆又胖，这并非全是厚实皮毛造成的效果。这些动物有种君临天下的气概，看起来真的很美。

尽管"海洋城"仍然在建，但是之后用于将仪器投放入海洋的孔洞已经钻好了。冰上的孔洞显然引起了两只北极熊的兴趣。这是个什么怪洞洞？是美味海豹呼吸用的气孔吗？闻起来不像啊。它还是长方形的，比海豹洞大得多。而且洞口附近的冰上有好多好玩儿的玩具。北极熊们从没见过这些东西。

终于，它们觉得玩具——也就是我们安装的设备——要比怪里怪气的孔洞有意思得多。两只北极熊开始进行细致的勘察。它们扶着旗杆，后腿着地，站立起来，又把旗杆撞翻。它们还慢腾腾地走来走去，不忘做测试般地一会儿咬咬这个仪器，一会儿咬咬那个设备。红色或橘色的物体最能引起它们的注意。说不定这是什么动物的肉呢？它们小心翼翼地咬了一口厚实的橘色主电路，大失所望——味同橡胶，一点也不好吃。它们的啃咬是试探性的，没有损伤线路。而且这时电路还没有通电。

北极熊非常好奇和贪玩，简直超出了人类的想象。它们几乎无所畏惧，因为它们没有自然的天敌。好奇心使得它们在生存条

80

件恶劣的北极探索一切可能的食物来源。不过有时候它们似乎只是因为觉得好玩儿。

我曾在斯匹次卑尔根岛封冻的孔斯峡湾观察过一只北极熊。它攀上一座封冻在峡湾里的小冰山，登高临下，欣赏了几分钟四周迷人的景色——至少从人的角度来看是这样的。实际上它可能正在闻嗅各个方向，想要捕捉一丝海豹的气息。然后它一屁股坐下，从冰山一侧的雪坡上飞快滑下，然后又爬上冰山，重复之前的行为。它的这种行为绝对持续了一刻钟左右。对此我只有一个解释：它在玩耍！也许北极熊研究者能找到一个更理性的解释，我反正找不到。这种情况下，我会感到与动物特别亲近，很难不把它们拟人化。

北极熊重达半吨，长可达三米。尽管如此，它们仍然像猫一样灵巧。它们可以矫健地越过冰裂隙，可以迈几步就迅速登上冰脊，可以毫不费力地滑入水道——也能轻轻松松地上岸——在水里还游得很快，划水遒劲有力。看得出来，它们是北极之王。这是它们的地盘。它们强健的肌肉弥补了体型笨重的缺点，所以北极熊的动作轻捷而优雅。携带着厚重庞大的极地科考设备的我们反而要显得笨拙和迟缓得多。我们其实不属于这里。每一道水槽，每一条冰脊都可能成为我们难以逾越的障碍！

我们浮冰上的北极熊现在正沿着主电路朝轮船跑来，一切都让它们觉得很新奇。它们喜欢撞倒东西，然后看看会发生什么，乐此不疲。特别是小熊，它兴奋地跑来跑去，唯恐错过什么。它们离我们很近了，从船上都能听见声音——小熊不停地叫着，叫声既像狗的狂吠，又像正常的犬吠，仿佛外面是一只兴奋的小狗，只不过比普通狗崽大十倍。不过它总是会跑去蹭一蹭妈妈，似乎是想确认自己做得对——看起来它并不太害怕。

两只北极熊到了船头旁边的巨大配电箱前。如前所述，配电箱上的众多线路尚未通电，所以不会对动物们造成直接威胁。

然而现在是时候驱赶这两头北极熊了。它们一旦习惯了我们的存在，并且对我们的兴趣超过了游荡的兴趣，就可能频繁光顾此地。如此一来，人熊冲突迟早会出现，对双方来说都极其危险，而且它们在这里也找不到食物。我们一定要保护它们自然的生活方式，让它们在广袤的北极游荡，不停地去追捕在这里为数不多的海豹。除此以外的所有情况都会对这种动物造成危害。根据在北极熊栖息地的生存经验，及早对北极熊进行有效的威吓可以降低人熊意外遭遇事件的数量，这对北极熊也是更加安全的举措。因为如果人与熊当真狭路相逢，在十分危急的情况下，北极熊直接对人发起攻击时，人不得不采取紧急防卫措施，进行射击。这是我们无论如何也想要避免的局面。

然而我还是犹豫了片刻——眼下我们固然可以投掷闪光弹，吓走北极熊，这样它们就会跑开几百米。但是，周围一片黑暗，我们无法在遍布沟槽的冰面上乘雪地摩托追赶逃跑的北极熊，因此驱逐活动不能持续下去。它们可能会知道，闪光弹虽然可怕，但之后不会把它们怎么样。这会降低之后规模更大的驱熊行动的成功率。

不过几分钟以后，两只北极熊显然对我们的设备熟悉起来。我们并不希望见到动物这样适应环境。我与奥顿（Audun）简单地商量了一下。奥顿是来自斯匹次卑尔根岛的科考队员，他是那里的北极熊管理负责人之一。他明确表示，应该采取行动了。我们装好信号手枪，在最佳射击点——船头各就各位。然而两只北极熊似乎突然对配电器和线缆失去了兴趣。它们绕过船头，在没有安装设备的左舷一侧闲庭信步。它们在那里躺了下来。小熊的兴奋劲儿过去了，紧紧地依偎在妈妈怀里。

可惜这没有持续多久。两只北极熊又开始探索船的左舷，然后绕过船头回到了配电器那里。这里能找到什么可吃的吗？熊妈妈开始用牙齿撕咬电缆接头的塑料套子，不排除它有吞食塑料的可能，而这对它绝无好处，我们必须出手制止它。我在船头上当即用信号手枪打出第一枪，瞄准了轮船与北极熊之间的空地。子弹壳在半空中爆炸，发出耀眼的光亮和剧烈的声响。两只北极熊立刻做出反应，如我们所愿，从

地平线上的最后一束日光。暮色将在几天后消失，四周一片深蓝的航段就要开始。彻底漆黑的极夜开始之前，还会有几天时间，可以借着微弱的蓝光看见周围的环境。

船边逃开了。按照事先约定，奥顿趁我安装弹药时打了第二枪，然后又轮到我开枪。我们交替着装弹药和射击，打了一枪又一枪，一发发子弹在空中炸开，与两只北极熊保持着安全距离，但也一直追踪着在冰面上一路狂奔的北极熊。

驱熊的重点在于应立即进行有力的震慑，以避免北极熊养成习惯。我们开了八枪，直到北极熊逃出信号手枪的射程之外。这两头野兽不再逃了，但也受够了我们，悠然步入黑暗。我却怀疑，如果不继续追赶它们，这次行动是否能取得长期效果。我的怀疑很有道理。

2019 年 10 月 11 日　第 22 天

这一天以惊喜开始了——裂隙不见了！它在一夜之间完全合拢。昨天还有一道覆盖着薄冰的水沟处，现在已经横贯着一条冰脊。海冰的压力将新结成的薄冰挤出了裂隙，形成一条杂乱交叠的薄薄冰块。这是挤压形成较小冰脊的初级阶段，可以说是庞大冰山隆起的序曲。之后的科考中我们会看见这一幕。

远处望不见北极熊，让我松了一口气，因为这确保了今天工作的高效率。不过经历了昨晚的事情，我还是想要再检视一下周围冰面上的状况。所以我们准备乘直升机进行勘探。

直升机刚刚起飞，我们就在舰桥左舷一侧几百米远处看见了昨夜的两位朋友。熊妈妈正在进行正常的捕猎活动，对我们不再感兴趣了。

我多想不去打扰她，就让她继续捕猎。可是如果北极熊知道了，在我们附近活动是安全的，之后的风险就太大了。于是我们调转航向，朝它们飞去。北极熊通常都害怕直升机。我们缓慢地将它们驱离轮船，让它们跑了一段又一段，并且路过了我们的气味旗，让它们以后不再被船上的气味吸引。

之后我们才继续开展冰上作业。

2019 年 10 月 12 日　第 23 天

夜里我睡得很不安稳，还在因为北极熊而担心。

我们站在舰桥上仔细地检视了一下周围环境，没有发现北极熊的踪迹。然后我们才放下舷梯，各个小组开始冰上作业。天上下起了小雪，不过其他条件不错，视野很好。今天应该也会是工作顺利的一天。

可是我错了。接近中午时，舰桥上的防熊队员瞭望到，距离左舷近两千米处有两只北极熊，显然又是我们的老朋友。和昨天一样，它们在那里捕猎海豹。北极熊妈妈沿着冰面上的水道走，不停地嗅着。海豹会在这些水道里换气。有时它似乎对某个地点特别感兴趣。北极熊妈妈在有个冰窟窿前站了一个小时，仿佛被冻住了一样。它着了魔一般，怔怔地死盯着水面，纹丝不动。不知道的人可能以为它是个标本。一旁的幼崽观察着妈妈如何捕猎，或者在雪地里到处嬉戏。两只北极熊只是偶尔有些好奇地朝我们望一望，起初并没有靠近。然而之后情况有变。

因为我们正在轮船另一边的右舷一侧工作，而且两只北极熊也没有试图接近我们的迹象，所以我让大家继续冰上作业——同时始终关注着北极熊的一举一动。

这是个好机会，可以详细研究北极熊在红外线摄像机中的热成像。因为天色很快就将彻底变黑，届时热成像摄像机将是我们在黑夜里确定北极熊方位的唯一方法。船上有两套摄像机：在"鸦巢"——轮船的最高点——安装了"第一海军"，一款十分先进的军用红外线摄像机。它的旋转速度非常快，可以360度呈现周围的实时影像在两块相邻的屏幕上，并且画质清晰分明。根据冰面细微的温度差别，热成像摄像机可以在图像上反映出深浅各异的颜色，临摹出海冰的结构。物体表面相对于周围环境的温度越高，物体在舰桥上屏幕里的成像颜色就越浅。

降雪后，我们可以早在肉眼看见冰裂隙之前，在红外线摄像机的屏幕里辨认出它们。冰裂隙的热成像通常是"之"字形白线——海洋的热量通过冰裂隙进入浮冰，使得覆盖其上的雪温度升高，但肉眼却无法察觉这种升温。即使在完全黑暗的环境里，红外线摄像机也可以清楚地看见所有人的一举一动。

在红外线摄像机的屏幕里，远处的北极熊是一个浅色小点。该图像具有一定欺骗性，因为冰面上孔洞的热成像也是近乎白色的浅色小点——海水的最低温与北极熊厚实皮毛的外表温度相近。所以我们会用小贴纸在屏幕上做标记。如果过了一会儿，屏幕里的小白点移动了位置，就该拉响警报了。

如果北极熊在近处，那么它身上有一点的颜色会特别浅——鼻子。北极熊鼻部的温度高于有隔热作用的皮毛的温度，所以用热成像摄像机拍下来特别显眼。可是只有在北极熊距离很近时才能拍到。

这套系统极其昂贵，其价格不可估量。它有着目前能够达到的最高清晰度，画面纤毫毕现。美中不足在于，它相当复杂，而且非常娇气。严冬恶劣的条件将会让它大吃苦头。我们很快就会对此有所感觉。

此外我们还有一台能够转动和变焦的热成像摄像机，可以把它安装在可疑地点，方便我们在探照灯和望远镜的适用范围以外长期追踪北极熊。这台摄像机的清晰度低一些，也不能提供全方位影像，但它在整个科考过程中都尽忠职守。

我们整个下午都在同时用两台摄像机和望远镜观察这两只北极熊。借着现在余下的最后一点暮光，还可以学习一下如何辨识热成像摄像机记录的图像，并且牢记北极熊在这两个摄像机里呈现的外观，以求未来在彻底的黑暗里能够精准地侦查到北极熊的出现。

下午，那两只北极熊突然开始试图从船尾处绕到船的另一边。虽然它们距船还有一段距离，但方向很明确，而且移动速度越来越快。如果它们现在就绕过船尾，从船体尾部到达右舷一侧，那么各个小组的退路就会被截断。当两只北极熊到了船的正后方时，我决定让所有人从冰上撤离。我发出紧急情况下使用的无线电用语"BREAK，BREAK"[①]。为了让这条最紧迫的信息畅通无阻，我们同时还中断了其他所有的无线电通讯。我迅速扫视了一眼冰面——所有小队从冰上撤回船里的退路还是安全的——于是命令各小组立即撤回船上，并且要求每个小组分别用无线电回复，务必确认他们已经收到了消息。接着我又长按船用喇叭，向所有人发出撤退信号。

---

① 英文，意为"中止"。

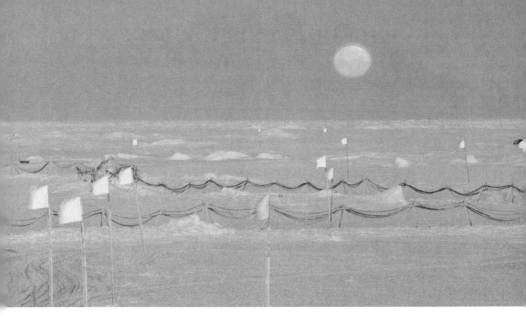

没有质疑，没有议论，遍布冰面的各个工作小组都开启了预案：小组成员在本组的持枪防熊队员身边集合，雪地摩托发动，满载的雪橇被挂在摩托后面；所有小组都从容有序地撤回到了船上。此时两只北极熊还在船的尾部继续前行，离营地更近了。仅仅用了 18 分钟，几十位科学家就平安地回到了船上。舷梯升起。撤离行动成功，堪称典范。这支科考队是多么值得信赖啊！

月光下科考营地的电缆和用旗帜标示出的道路。

撤离行动非常及时。两只北极熊绕过船尾后，加速冲进了右舷一侧的冰上营地，在那里十分自得。为了不让它们习惯营地的环境，我们必须再次驱熊。

87

我派出两名持枪的科考队员，让他们分别登上两辆雪地摩托，驶向北极熊，并用信号手枪把它们赶走。这种安排经过了实践的考验：假使一名队员从雪地摩托上跌落，两人还能骑着另一辆雪地摩托逃过北极熊的追击。我们去冰上支援雪地摩托熄火或者没有雪地摩托的同事时，也总是两人一组，分乘两辆雪地摩托出动，而且两人都会配备信号手枪和武器。所以现在还有两名分别骑着两辆雪地摩托的队员，在舷梯旁待命，万一遇到紧急情况便前往增援。

冰面上的两名队员出发了。他们站在雪地摩托的踏板上，这样视野更加开阔。两只北极熊听见了马达的轰鸣声，诧异地向他们望去，但并没有被这声音吓到。北极熊通常会在雪地摩托非常接近它们时躲开，但是我们不想离它们太近。当距离北极熊约150米时，两名队员打出了信号手枪里的闪光弹。子弹在北极熊和雪地摩托之间的空中爆炸——位置完全正确。两只北极熊立刻从轮船边快步跑开，离开了科考营地，跑进了"堡垒"之内的崎岖冰山。两名队员又追赶了它们一段，继续发射闪光弹。他们顺利完成任务以后就回到了船上。两只北极熊又逃跑了很长一段距离，最后终于消失在我们的视野以外。但是今天我们已经不能继续冰上的工作了。

晚上，我和船长商讨了一阵。我们越来越为目前的情况担忧。正常情况下，北极圈腹地的北极熊会为了寻找为数不多的海豹，在整个北极游荡，一段时间内就能走过很长的路。是不是因为我们船上的各种气味吸引了这两只北极熊，使得它们再次到来？它们今天"探访"轮船时，也没有显出害怕的样子。我们必须让这两只北极熊遵循它们原本的生活方式，继续在冰原上游荡，不然它们就会遭遇不测。北极熊一旦习惯了人类活动并且长期逗留在人类聚落附近，就会置身于危险之中。它们在这里必然找不到足够的食物。假如发生紧急情况，为了救人，万不得已之下北极熊还会遭到射杀。在这里，它们的好奇心会带来厄运。余下的最后一点天光很快就会最终消失——在彻底的黑暗中很难及早发现北极熊。很久之后，一段痛苦的经历将会证实这一点。

2019 年 10 月 13 日　第 24 天

今天的开局就相当不妙。我们的两位北极熊朋友正气定神闲地坐在冰面上，位于右舷前方约 1 千米处，离"气象城"不远。虽然我们已经好几次对它们不客气了，但它们似乎还是很喜欢我们。

我们又展开了新一轮的驱熊行动：再次出动两辆雪地摩托并使用闪光弹，之后再用直升机驱赶——堪称教科书式的操作。但愿这就足够了。

下午，我又将科考队员们派到冰面上，继续户外作业。一天之中，气温从零下 14 摄氏度下降至零下 25 摄氏度。强劲的寒风从营地间呼啸而过，使体感温度降至零下 35 摄氏度。呼出的水气立即在胡子、睫毛、帽子和围巾上结成冰晶。所有人的脸上都蒙了一层冰霜，再加上大家都穿着红色的极地工作服，一时间分不清谁是谁。这是迄今为止最寒冷的一天。

尽管遭遇降温，搭建工作依然进展顺利，所有站点均已竣工。今天的冰上作业获得了增援：即日起，在我们的营地和"费多罗夫院士"号之间有了直升机班机。直升机早上把"费多罗夫院士"号上的同事们送来，傍晚又接回去。体型庞大的俄罗斯米-8 直升机也会运来物资。我们会用南森雪橇和雪地摩托把它们从位于"堡垒"之内的停机坪运回"极地之星"号。"费多罗夫院士"号上的同事们已经基本完成了我们浮冰周围的浮标阵列布

89

被"极地之星"号三盏探照灯之一照亮的"海洋城"。

"极地之星"号在起初还非常平坦的 MOSAiC 浮冰上。之后这片区域的地貌将被冰山彻底改变。

放，只剩下几个较小的冰站。

我视察一圈以后正要回去，却见得一轮满月从冰上升起。它是那样巨大，在深蓝近于乌黑的天空里发出浓郁的橙色光芒。夜间，它沿地平线绕着我们转圈。浮冰也随着它的运动而改变：深夜，23～24时，我们经历了目前为止最强烈的一次海冰挤压运动。四周所有的浮冰都发出"轰隆"巨响，轮船开始震颤。我当时正站在船尾的工作甲板上。突然一声巨响，只见近在身边的冰层裂开了。冰块相互挤压、交叠、隆起，发出尖利的摩擦声。我身边窜出了一道高达数米、直冲天际的冰脊。那里刚刚还是一片宁静而平坦的冰原。这可能是那轮瑰丽的满月造成的结果。它使普通的潮汐增强，成为朔望大潮，引发海洋的自振。南森曾记录过，朔望之际，海冰挤压运动与开裂运动尤其活跃。

2019 年 10 月 14 日　第 25 天

今日无熊出没。在每日工作 17 个小时以上很多天以后，我决定取消了今晚的新闻发布会，不知道多久没有享受过一两个小时的闲暇了。我在自己的舱房里听了会儿音乐，几乎站着都能睡着。

2019 年 10 月 15 日　第 26 天

又是无熊出没的一天！局势喜人——我们上一次的驱熊行动似乎颇有成效。

下午，我终于又有时间好好地在营地里转转了。营地的搭建工作进展飞速。用于投放水下机器人的"ROV 城"里，一切基本已经准备就绪：投放机器人所需的冰上孔洞锯好了；冰孔周围地面上的木板铺好了；木板上的橘色帐篷钉稳了。在里面点上灯，帐篷就会在暮色里发出美丽的橘色光芒。遥感营地里放置远程测量仪器的站点也建好了，测量将在这里进行。"气象城"里11米高的观测塔已基本完工，30米高的气象桅杆已建好基座部分。照目前情况来看，在本组两名科考队员乘坐"费多罗夫院士"号返航之前，"气象城"肯定可以竣工。只有"海洋城"遇到了一点问题：操控绞盘的仪器总是出现错误报告。要将南森采水器吊放到水下，就需要这个绞盘。负责此事的工程师也即将搭乘"费多罗夫院士"号返航，所以眼下正在加紧工作。

　　骑雪地摩托返回时，我在中途停了一小会儿。"极地之星"号在暮色中闪亮，四周一片冰雪苍茫。虽然这艘船说到底不过是一个大钢块，但它此时此刻在我心中就如同家园一般温馨。回到船上继续工作之前，我至少还能眺望几分钟美景来犒劳自己。

　　这些天来，冰上不断出现新的裂隙：一道在"墙角"——在"墙角"处，我们的主干道折向"海洋城"——另一道裂隙斜着向前延伸至"气象城"。我们冲入浮冰后不久，在船头出现的那条裂隙也数次合拢又裂开。

92　　然而与今天夜里发生的事情相比，这些就算不得什么了。

　　接近凌晨4点时，我舱房里的电话响起，是来自舰桥的警报。我还在船舱里，就能听到身边的海冰正在轰隆作响，同时发出"喀嚓喀嚓"的声音，并且还能感觉到整艘船在颤动。我迅速穿上极地工作服，赶往舰桥。在那里值班的人向我形容道，浮冰开始运动，将"极地之星"号向前推挤。船头前方的裂隙正在隆起，形成了数米高的冰脊。这一运动把大量冰块朝着通往"ROV城"的线缆推去。眼下也不能到那边去，做不了什么——可是在右舷一侧紧邻船体的卸货区，情况也十分棘手：那里堆放了很多设备，必须迅速采取行动，进行撤离。

我跑上工作甲板。一名船舶工程师和物资运输负责人已经在那里经舷梯下到了冰面。外面海冰发出的声响难以名状，那简直不像是来自这个世界的声音。除了巨大的爆炸声与断裂声、尖利滞涩的摩擦声，还有一种类似哀嚎的声音。我还从来没有遇到过如此猛烈的海冰挤压运动。下方的海冰挤压着朝向冰山一侧的船体表面，之后又放松了。这导致卸货区的前半部分成为一片废墟。一个箱子和一些建筑板材已经漂在水上，另一个装有设备的箱子也即将倾倒，掉进裂隙里。还有，停靠在外过夜的一排雪地摩托下方，有一道迅速开裂的裂隙。有一辆雪地摩托已经半悬在水里，它的滑橇嵌入水下。其他雪地摩托也快要被这道裂隙吞噬。如果雪地摩托没了，这次科考也就完了！

在迅速弄清状况以后，物资运输负责人和我冲向雪地摩托，发动其中两辆，然后小心地驾驶着这两台尚能启动的摩托离开危险区域。物资运输负责人是后勤小组成员，我已经叫醒了整个后勤小组。我们又合力打捞起那台半沉入水中的雪地摩托，并且真的把它发动了，开着它到了安全地带。物资运输负责人又穿上了救生服，把箱子和板材从水里打捞到冰面上。真是千钧一发的营救！

排除迫在眉睫的险情以后，我们把冰面上剩下的所有物品运往轮船前侧的线缆方向。线缆被很有远见地安设在去年形成的坚

科普小贴士

海冰上的山地是如何形成的?

　　覆盖北冰洋的冰盖并非静止不动,而是受到各种作用力的影响。风通过摩擦崎岖不平的冰面来推动海冰,使它在海面上漂流。潮汐和洋流也会推动海冰。潮差还会使冰面升降。开阔海域中发生大型风暴后,在海冰边缘以内一百多千米处,依然可以观测到海浪的影响。上述过程均会对冰盖造成亟待释放的巨大压力:海冰会开裂,小块海冰会相互挤压,从而堆叠成巨大的冰块,或者会垂直地竖起。这样就会产生许多高达数米的冰山、山脊以及锯齿状的山峰。这类冰脊可以在海冰上绵延数千米。我们在 MOSAiC 计划中观测到的最庞大的冰脊有 25 米厚。

固冰脊旁边，那里的冰更厚实、更稳定。

几个小时以后，我们完成了打捞工作。行动成功，我们心满意足地回到船上。然后我马不停蹄地与船长和各组组长讨论了目前的形势。我们从夜晚一直工作到早晨，没有停歇。

2019 年 10 月 17 日　第 28 天 94

海冰重新平静下来以后，我们昨天一整天都在清理损失。直升机也从"费多罗夫院士"号上送来了最后一批物资，它们都已经被起重机吊上了甲板。今天就是人员的交接了。到了和船上的一些伙伴说再见的时候了，他们将踏上回家的旅途。同时，我们也将迎来许多从"费多罗夫院士"号上来的新人。

从早上 8 点半开始，要返航的人们就分成小队，在工作甲板上集合，因为米-8 直升机只能容纳约 20 名乘客及其行李。每隔两个小时，我们用南森雪橇送一支小队前往位于"堡垒"内部的停机坪。俄罗斯的直升机将在那里接应，把他们送往"费多罗夫院士"号。

下午，我们在停机坪的冰面上和"费多罗夫院士"号上的老朋友们再次见面了。参加会面的有两艘船的船长史蒂凡·施瓦泽和谢尔盖·西多罗夫（Sergej Sidorov）、AARI 研究所的弗拉基米尔·索科洛夫、"费多罗夫院士"号上的负责人托马斯·克鲁彭等人，另外还有我。"极地之星"号上的人骑着雪地摩托，先于俄罗斯的米-8 直升机到达约定地点。此情此景颇为滑稽有趣：一边是地平线上的"极地之星"号，它在夜里成了一个小光点，另一边是"费多罗夫院士"号。我们就在这两点之间的荒凉中， 95

"ROV 城"的电路被埋入一道冰脊中,我们必须把它挖出来。

MOSAiC 浮冰的印象。

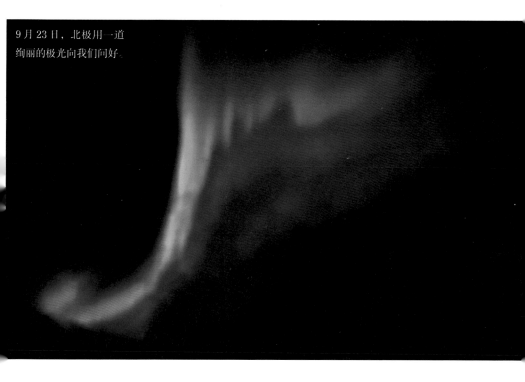

9月23日，北极用一道
绚丽的极光向我们问好。

"极地之星"号于2019年
9月25日抵达位于北地
群岛东部的海冰边缘区。

"极地之星"号向北冰洋深处的冰盖驶去。

我乘直升机勘探的第一块浮冰。

MOSAiC 计划中，第一次勘探浮冰时发现的"冰雕"。

"极地之星"号与它的护航船"费多罗
夫院士"号在一片较薄的新冰上会合。

"极地之星"号抵达它在 MOSAiC 计划中确定的最终浮冰，并稳稳地停靠在冰上。

第一支勘探队完成工作后从 MOSAiC 浮冰返回船上。正逢极夜前的最后一次日落，这次太阳落下以后，近六个月都不会再升起。极夜从现在开始了。

南极阿特卡冰港附近的冰架前，被空气折射扭曲成各种怪异形状的冰山。

上图中可见的冰山与下图中飞机后方明显的海湾都并不存在。它们只是空气折射造成的幻象，出现在德国南极科考站——诺伊迈尔三号站附近。冰架上一马平川的冰面与地平线相接，才是实情。

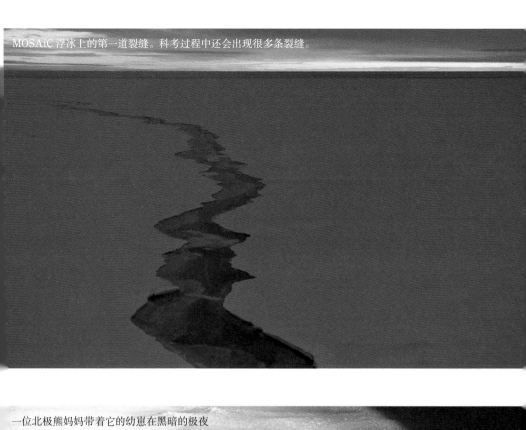

MOSAiC 浮冰上的第一道裂缝。科考过程中还会出现很多条裂缝。

一位北极熊妈妈带着它的幼崽在黑暗的极夜里出没，探查我们的科考营地。

地平线上的最后一束日光。暮色将在几天后消失，四周一片深蓝的航段就要开始。彻底漆黑的极夜开始之前，还会有几天时间，可以借着微弱的蓝光看见周围的环境。

"ROV 城"的电路被埋入一道冰脊中，我们必须把它挖掘出来。

在北极腹地的极夜里，等待着俄方直升机翩然而至。

直升机抵达后，我们在此次科考中最后一次相互问好。科考的第一航段已经圆满结束了，气氛庄重而热烈。我们用厚厚的玻璃杯喝威士忌。冰镇威士忌需要冰块，从身旁随手掰一块就是了。大家数次举杯，同声欢笑。有了俄罗斯朋友们的协同合作，本次科考的第一航段才能圆满完成。我们再一次向他们表达了这个意思，并在欢乐的氛围中相互道别。俄方代表团登上了直升机。庞大直升机起飞时产生的强劲下洗气流① 几乎把我们全都掀翻在地。这就是他们的临别问候吧？我们又为此躺在地上开怀大笑。我们满心欢乐地穿过夜色，回到了"极地之星"号。

2019 年 10 月 18 日 第 29 天

今天，"费多罗夫院士"号启航了。大气能见度很高，仿佛北极有意让我们目送朋友一程。在这个荒凉陌生的世界里，这是我们最后一次看见除我们以外的生命迹象，之后是长达数月的孤寂。我们望着"费多罗夫院士"号，足足望了两个小时。只见它在深蓝的暮色中越来越小，发出的光越来越黯淡，然后地平线将它吞噬了。这世界只剩下我们了。

96

---

① 航空术语，指直升机悬停时旋翼转动产生的气流，方向朝下。——译者注

贰 · 冬季

"费多罗夫院士"号离开后，科考队孤独地置身于广袤的北极和黑暗的极夜里。相距最近的人类定居点在 1500 千米之外。

第四章　独处天涯

2019 年 10 月 24 日　第 35 天

早晨有雾，随后雾散。气温大约零下 14 摄氏度，仍旧算得上温暖。

"费多罗夫院士"号离开我们将近一周了。从那以后，我们就独自处于距离文明社会上千千米之地。在冰天雪地的环境里，我们每天都得面临新的挑战。

将"极地之星"号固定在浮冰上的船头缆绳绷得非常紧。它随时可能断裂，还可能把系在缆绳末端的沉重冰锚扯出冰面。冰锚由钢梁焊接而成，嵌入封冻了的冰上钻孔中，照理说其承受力相当强，不容易被挤出冰面，但是现在船头受到的来自浮冰的压力过于巨大，任何人造船锚都无法招架。我们在自然的威力面前无计可施。

　　紧绷的缆绳可能带来致命的危险：冰锚一旦被拽出冰面，缆绳就会如同用橡皮筋弹弹珠一样，把船锚弹向船体。我们急忙在每段缆绳上再加一个船锚，并且在主锚上绑上较松的缆绳，这样即使在最坏的情况下，这些较松的缆绳还能牵制住被弹飞的主锚。然而即便船锚不动，缆绳崩断时也会不受控制地向后弹起，仍然可能造成破坏。于是我们把船锚附近整个区域都围了起来。我每天都要提醒所有人一遍，这些缆绳上潜藏着致命的危险——此处严禁任何人逗留。

　　船尾缆绳的情况也不妙：它们仅仅抛锚停靠在一块较小的浮冰碎块上，而且这样的状态应该也不能维持多久。因此船尾在浮冰上快要停不稳了。现在我们迫切地需要更低的温度。低温是我们的盟友：它能使冰封冻——这正是我们急需的。冰面封冻以后，船尾才具备稳定性。

　　"费多罗夫院士"号刚刚离开，冰面就开始了新一轮的"轰隆隆"运动。船头前方出现了一片巨大的剪切带[①]，位于其中的"ROV 城"和水下机器人都被朝左舷方向足足推移了 600 米。"ROV 城"里的遥控潜水器可是我们最昂贵的科研仪器之一啊！它可千万不能丢！幸而我们出动了救援小组和直升机，成功抢救并转移了水下机器人和存放计算机的站点。我们已经选定了"ROV 城"的新址——离船更近，就在船的正前方。今天我们已经派出了一个小组，前往旧址拆除帐篷、线缆以及其他剩余物

---

① 地质学术语，原义指一片地质构造不稳定的地表。此处指一片不稳定的冰面。——译者注

品，并将它们运回船上，以备修建新站。

　　其间，北极熊也来拜访过我们好几次。其中有一只体型硕大的公熊，非常认真地视察了我们的营地。也许它想特别仔细地在"气球小镇"里看一看。存放气球用的帐篷式棚厂已经在那里打包放好，只等搭建工作开始。那头北极熊把这包重达350千克的包裹抛来甩去，就好像这只是个手提袋。后来，直到本次科考结束，一顶缀着硕大补丁、带有熊爪抓痕的帐篷，总是让我们回想起这次拜访。另一头熊扶着一根长长的旗杆站立起来。我们在冰面上竖立了很多这种旗杆，用它们指引方向。显然，那头熊是想要够着旗杆上端四米高处的橘色旗帜。它随风招展，在北极熊眼中分外诱人。随行的摄影记者埃斯特·霍瓦思（Esther Horvath）拍摄了这一场景，之后凭借该作品获得了摄影记者的最高奖项——"荷赛奖"[1]。

　　这些日子以来，冰层运动伴随着我们，冰面开裂或隆起已成了家常便饭。 101

　　偶尔也有东西就那么自己坏掉了：比如"第一海军"——"鸦巢"上那台精密的360度热成像摄像机。极夜里，它在辨认北极熊上发挥着极其重要的作用。我们迅速安装了它的替代仪器。可惜我们很快就会发现，替代仪器也无法挺过北极恶劣的自然条件。这项损失让我们的日子难上加难，因为彻底的黑暗已经降临了……

---

[1]　荷赛奖是世界新闻摄影比赛大奖，由总部设在荷兰的世界新闻摄影基金会主办。——译者注

10月19日，"极地之星"号上的两架直升机之一参与了抢救被海冰推向远处的"ROV城"。

无论我们计划得多么天衣无缝，准备得多么万无一失——在这样的环境下，寻常无事的状态是不存在的。任何人都无法预料的突发状况不断涌现。我们必须一次次应对新的难题。虽然我们之前已经参加过那么多次科考，积累了那么一些经验，但冰原依旧难以捉摸。不过也正是这一点使得它如此迷人。尽管我们被冰封的旷野和严寒的荒漠包围，却并不感到无聊。并不仅是因为在船上和营地里总是有工作要做，还因为北极自身就处于不断的变化中，永远带给我们新的挑战。我们脚下的"地面"看上去还算坚固，实际上却并非如此——它的下方是深度逾4000米的大洋。风、雪、潮汐、洋流，无时无刻不在改变着浮冰的面貌。今天这里还有一座缀满冰锥和雪花的大冰块，明天这里也许就是一片雪堆或者开阔的水道。

船上，我们增加了一些例行活动。人们得空了会聚在一起打

102

106

乒乓球。我们在船底的货舱里支了一张乒乓球桌。

位于MOSAiC浮冰上的"堡垒"区域边缘的"气象城"。

为了让游戏更刺激，我们设定了一套规则：打入决赛并击败最后一名对手的人，就是当天的冠军，能够获得"今日中国人"的荣誉称号。该称号是对作为乒乓球大国的中国的认可。我们的船员鲁茨·派内（Lutz Peine）为此专门用硬纸板做了一枚流动奖牌。获胜者在一天中接下来的时间里都把它骄傲地挂在胸前。取得三连冠的人之后只能用左手打球。鲁茨自己就是三连冠的第一人。我们通常在午饭以后打一轮。今天我达到了第二名的成绩——真是难得！

每个星期天都有"称重俱乐部"的活动。这已经成了"极地之星"号上的传统，且总是能给大家带来许多欢乐。午饭之前，大家聚在机械修理舱里，那里的天花板上悬着一架配重很重的老旧天平。人只要坐在天平一端的木板上，在周围众人的嬉笑声中，就会被天平翘起。然后大家开始猜测：自己在下周日会变重还是变轻？通常我们都会把自己的预测结果放到天平旁边。奇怪的是，天平给出的结果往往与预测相反，即便有的人可以发誓，自己这周绝对长胖了或者变瘦了。有传言说，天平管理员故意调整了天平。这也完全没有问题。因为赌输的人得往一个特定的箱子里投点钱。每次科考结束以后，箱子里的钱就会被捐赠给儿童医院。这样谁还会坚持说，自己猜得一定正确呢？

103 　　对于船上的我们而言，这些业余活动和由三餐与工作组成的日程同样重要。我们毕竟离开了文明社会，与世界的其余部分没有任何现实中的联系。我们甚至无法随着日夜交替而安排作息，因为极夜吞噬了一切自然的人类生活节奏。不要忘记娱乐，这也非常重要。南森时代的探险者已经知道了这一点：合理安排规律的工作与社交生活，意义重大。这能帮助长期处于极端条件下的人们保持健康——身体上的健康与精神上的健康。

2019 年 10 月 27 日　第 38 天

　　宁静的早晨。10 点 30 分，我们接着参加"称重俱乐部"的活动。我异乎寻常地长胖了——与上个星期天相比重了 600 克。木工师傅更换了我舱房里的水龙头。耶！淋浴时调热水终于方便一些了。我们洗了洗衣服，但整体来说睡的还是时间太少。

104 　　今天的天空澄澈绝美。如果没有云，正午时还能看见南方有太阳的微弱反光，但太阳本身已经沉入地平线之下的深处了。这些天里，温度计指数下降了。气温为零下 26 摄氏度，无风，大气层下部的粒粒冰晶颤动闪烁。可以感觉得到，也可以看得出来，外面的整个空气里都散发着这条信息：冬天来了。

1894 年 11 月 14 日，在北纬 82 度，东经 114 分，南森在科考记录里写道：

"洒满银色月华的冰原向四面八方延展。这里或那里散落着冰丘黑暗而寒冷的投影。冰丘边缘映着昏暗的微光。在最遥远的远处，一道深色线条勾勒出由堆叠的冰块构成的地平线，其上笼罩着光泽如同白银的雾霭。而在这一切之上，笼盖着无边无际、星汉灿烂的藏青色天穹。满月正在其中悠然航行。

然而日光依旧低卧于南方，几乎就是一片暗红色泽的微光。在更高处，有一道介于黄色与浅绿色之间的明亮弧形，逐渐消失在上方的深蓝里。这一切和谐地融为一体，无与伦比，难以名状。"

还能再说些什么呢？真是不可思议，南森的描述依旧适用于今天，而且他多么准确地用语言表达出了这种氛围啊！南森见到的，正是我们所见的同样的天空，同样的冰雪，同样发光的地平线，同样迷人的北极最后的暮光——在全黑的极夜降临之前。除此之外，还有什么地方是没有被人类彻底改变的呢？今天还有什么别的地方也看不见灯光，看不见飞机，看不见人类的建筑，就像在 125 年前南森的时代一样？

然而这片冰封的景象并非亘古不变。我们脚下的浮冰只有南森时代的一半厚，而我们可能是看见过北冰洋全年有冰的最后一代人。

2019 年 10 月 29 日　第 40 天

105

原来我们并不孤单。四周只有黑夜与寒冰，不过冰下存在着较为高级的生物！前些天我们就知道了：冰下有鱼！一台灵敏的声呐捕捉到了鱼的活动，从而使我们能够观察水下发生的事：日夜交替的时候，鱼会在白天潜入 300 米左右的深处，晚上上游至水深约 150 米处。它们这么做，是为了在白天不被天敌看见并捕食。因为现在一直都处于黑暗之中，所以它们长期待在水深 150 米处。这表明海洋中鱼类的垂直游动是受到光感驱动——不是基于与光线变化同时的内在生物钟！否则鱼类现在也还是会上下游动，只是行动没有那么规律。

昨天我们在水里抛了一条长长的渔线。我们不满足于仅仅用声呐观察鱼类，还想获取一些样本，进行更加细致的鉴定——如果运气好的话。

今天是"渔夫"们的好日子。那条很长的渔线被拉上来了。AWI 研究所的妮可·希尔德布兰特（Nicole Hildebrandt）一下一下地把渔线往上拉。她说已经感觉到了下面有鱼。大家都笑了，没人相信她。但是之后冰窟里出现了一个长着大眼睛的鱼头。然后又是一个！凡是费尽口舌，想把这两条肥美大鱼送入厨房的人都无功而返。这两条鱼只能为科学献身。

其他领域的科学研究也迅速进入正轨。我们搭建好仪器，做完几轮测试以后，设备开始正常运作，常规的科研工作也逐步展开。筹备此次科考时，我们就已经制定了每周的计划，详细规定了每个小组在何时出动——例如，在哪片雪地上开展测量，多久登上一次浮标阵列中的某块较大浮冰，或者何时将南森采水器或其他大型海洋探测设备放入水中。这里的每日工作时长很长，因为我们都想在这次独一无二的科考中尽可能多地搜集数据。比如昨天，"采芯日"的第一支小队出动了——他们成果颇丰。这支小队从浮冰上带回了 50 个冰芯。一天之内完成这么大的工作量，实在是个体力活，尤其是在冰上愈发艰难和寒冷的条件下，这样的成绩更是了不起！

※　※　※　※　※

冰的循环与变化

时值秋冬之交，正是结冰的季节。结冰和融冰的过程，对于海冰和整体的气候系统都有很大的影响。然而人类并不完全了解这些过程，尤其是这些过程对于冰下、冰内和冰上辐射状况的影响。它们对于北极圈内能量平衡的影响，人类更是几乎从未观察过。然而正是这些过程决定了北极的海冰如何与海洋和大气相互作用，又如何影响生态系统。气候变化也使得它们处于剧烈的变化中。

北冰洋里每年都有这样的循环：太阳下落，就会开始结出新的海冰，固有的海冰会变得更加坚固。我们正是在这个时节抵达北冰洋：新的冰面开始形成；夏季形成的融化坑已经再次被冰层封住，用肉眼几乎无法辨认。然而只有太阳消失以后，海冰才会真正变得厚实——也就是从现在开始，接下来的海洋表面会变得足够冷，使得海冰从下端开始生长。根据盐度不同，海冰需要温度低达零下 1.9 ～零下 1.5 摄氏度才会开始冻结。随着冰层与冰上的雪盖加厚，结冰过程会越来越缓慢，因为冰雪在海水和极寒的大气层之间起到的隔离作用越来越强，即使大气温度下降至零下 40 摄氏度。当冰层厚度达到近两米时，热力学意义上的结冰过程会愈发缓慢，最终近乎停滞。过了这个阶段，只有当大块海冰相互挤压，隆起成为厚厚的冰脊时，冰层才会变厚。在寒冷与压力的作用下，这些大块海冰会被冻结为一个稳固的整体——这就是海冰在动力学意义上的增厚过程。

一年冰几乎没有相互挤压堆叠的时间。它看上去更平坦，也很少明显厚于两米。多年冰就大不相同了。它经历过数个挤压与隆起的周期，表面上通常有较高的圆形高地——这是较老的、被侵蚀以后的挤压冰脊——可以达到数米厚。我们选择的浮冰就是这样一块两年冰。以前，北冰洋的大部分区域都覆盖着较厚的多年冰；而现在，多年冰成了例外。我们的浮冰就主要由较薄、较平坦的一年冰或者正在形成的新冰构成——和我们周围几乎所有其他海冰一样。在我们所处的位置上，可以考察所有类型海冰的气候过程。这对科考而言有着难以估量的好处。

夏季，太阳高悬地平线之上，一天 24 小时照射冰面，于是一个新的过程开始了——融冰。在北极的不同地区，融冰始于五月末至六月中旬这段时间。海冰表面颜色浅，反照率高。新雪雪地有时甚至可以将超过 80% 的太阳能向宇宙方向反射。然而余下的能量也足以加热海冰，使之完全或部分融化。融化坑出现了，冰盖消退。在北极圈腹地，前一年形成的部分新冰有可能挺过夏天。幸存下来的冰块和冰脊可以在下一个冬天发展壮大，并如此循环往复——直到终于成为坚固的多年冰。这一点与南极的大部分海冰不同。南极的大部分海冰都会在夏季完全融化，在冬季又重新冻结。

然而正如我们所见，较厚的多年冰在北极也变得越来越稀少。取而代之的是较薄的一年冰，它们每逢夏天就全部融化。全球变暖是造成这种变化的原因。

※　※　※　※　※

2019 年 11 月 2 日　第 44 日

这些天来，我们再没有看见一点日光的痕迹。现在气温零下 22 摄氏度，无风。我们正在搭建"气球小镇"的巨大棚厂。这是"佩奇小姐"，那个用于大气层测量的红色系留气球的家。这个橙色的帐篷式棚厂长 8 米，宽 10 米，高度接近 4 米，在冰面上高高耸起。它是整个科考营地里体积最大的基础设施。不过，它得先立起来。

我们专门挑了一个无风的日子开始搭建，这样工作会更加顺利。这个巨大棚厂的骨架由充气软囊构成，两台压缩机为其充气并保持压力，因此棚厂没有任何坚硬的结构，正是这一点使它十分牢固，能够经受住猛烈的风暴——上面没有任何可能会破碎的东西。前几天我们已经在冰上刨出了一块稳固的平地，在上面铺了木板，又用螺丝把一块块木板拧紧。现在那个 350 千克重的帆布包裹就摆在地上正中央，就是前段时间北极熊非常感兴趣的那个包裹。现在还很难想象，用这个包裹能盖起来一间大棚来。不过我们很快就把包裹打开了，然后连上了压缩机。大家都争分夺

108

"气球小镇"和停泊在地面的"佩奇小姐"——备受大家喜爱的系留气球。它能上升至大气层中距离地面2千米处，并在冰面上空进行观测。

109

秒。在北极，你永远不知道下一个钟头会是什么天气。

工作繁重，不过进展顺利。即便在"凉爽"的气温下，我们也很快出汗了。不久，每个人都被笼罩在自己产生的水雾里。无风时，这雾气久久不散。我把棚厂底部固定在木板地面上时，用嘴衔住了一个螺钉——真不是个好主意，螺钉被冻住了，粘在嘴唇上，几乎拿不下来。

打开压缩机以后，效果不太显著——因为电压太低了。当初预估"气球小镇"的用电量时，我们的确将压缩机的日常用电量计算在内，但却忽略了机器启动时所需的高额电量，结果被打乱了计划。我们很快搬来了汽油发电机，但也不足以启动压缩机。然后我们又从约100米外的"海洋城"旁的配电器那里牵来一根粗一些的电缆，才终于有了足够的功率。压缩机开始工作，一间大棚一下子就铺展开来，平地而起，仿佛有精灵魔怪相助。

这一天将要结束时，我借着头灯的光线，绕"气球小镇"走了一圈。只见"堡垒"里遍布"冰雕"，似乎出自某位匿名的雕塑家之手。它们在任何一家博物馆里都能拥有一席之地，然而它们只是孤寂地伫立在昏黑的北极荒野中，通常无人得见。现在万物都披上了大粒闪亮的冰晶结成的厚厚白霜，如同铠甲。轮船在远处闪着光，成了小小的一点——在这片迷人然而对生命充满敌意的环境里，那是我们安全温暖的家园。

即使在零下 30 摄氏度的气温下，高强度的工作仍然会很快让人汗流浃背。水蒸气从极地工作服的领口飘出，如果遇上无风的天气，每个人都会迅速被自身产生的白雾笼罩。这种白雾会折射头灯发出的光线，令人目眩。

110

我回到船上时，有一个小组正在冰上开凿孔洞，用于投放体积较大的南森采水器，还有生物学家们的渔网。"海洋城"里，小型的南森采水器已经投入使用，但它们无法提供我们所需的水量，也不能达到我们希望的深度。我们需要在紧邻轮船的位置并在船上起重机的作业范围内，开凿一个至少 4 米长、4 米宽的大冰洞，以便用起重机吊起水里的仪器。一通苦干以后，作业小组

长达数月的极夜期间，全球最靠北的冰上酒吧让我们在无垠海冰的包围中和北极点附近的孤单里也能拥有独一无二的珍贵瞬间。

将选定地点的海冰切割成稍小一些的冰块，不过每块冰还是重达数吨。"链锯艾莉"如鱼得水，不知疲倦地挥舞着她那长长的链锯。其他人正沿着冰块边缘，用冰芯钻头一个小孔接一个小孔地钻，再把一块块冰凿下。他们在中间位置的一块冰块上钻出了一个孔。小孔容得下一条系在绳子上的木条向下缒。到了冰下，木条被平放着，作为岸墩。现在应该用起重机吊起这块一定有两立方米大，重两吨的巨大冰块了，可这能成功吗？还没有人在这样的条件下开凿过这么大的冰洞。起重机的电压被调高了，它猛提了一下——冰块在周围人们的欢呼声中摇晃在半空里。真是大松了一口气！这样原来真的行得通。之后科考队员们又用同样的方法把其余的冰块从冰洞里吊了出来。这项对科研十分重要的基础设施终于完工了——现在我们的大型海洋仪器从我们脚下就能放到

111

水柱里了！

　　钻孔过程中产生的冰泥还漂在水里，必须要

"堡垒"区域内的"气球小镇"后的"冰雕"。

把它们从新开凿的冰洞里清理出去。然后我们将超大型的电子搅拌器放入水中，以防水面再次结冰。

　　起重机把两块冰块紧挨着放在船边的冰面上。我们把彩灯放进冰块内部的钻孔里——这样就成了一个近在船边的有照明的冰上酒吧！它在接下来的冬日里还会为我们服务。

112

　　面临着繁重的日常工作，偶尔的派对对于科考队员们来说很重要，也能增进感情。前些天我们办了一场万圣节派对——一个充满想象力和即兴发挥的节日。有一位同事完美复刻了C-3PO——《星球大战》系列电影里那个动作迟缓的机器人。他十分巧妙地用救生毯和其他在船上找到的东西装扮自己；同样出自《星球大战》的R2-D2和他一起出场。他们的动作甚至都和

科普小贴士

世界尽头的时间

我们用经线将全球划分为 24 个时区。然而所有经线在北极点汇合为一点。理论上讲，一个人在北极点只须走几步就可以跨越所有时区——时区在极北之地失去了意义。在北极点，日夜更替的节奏也失效了：太阳一年只升起一次，也只落下一次。"极地之星"号在驶入北极地区时也多次调整船时，一共调整了十二次，以便与其所处地理位置的时区相应。然而当它停靠在浮冰上以后，极地探险家们就可以自行选择时区了：船上采用本初子午线上的世界协调时间（UTC），默认情况下为伦敦时间。这使我们与外界的沟通更加便利，也便于之后换算观测数据上的时间戳。

电影里一模一样。另一位同事装扮得仿佛刚刚经历过一场惨烈的事故，一面旗帜似乎斜着插入了他的脑袋，从头上流下"血"和"脑花"，足以以假乱真，大家差点儿直接把他送进"极地之星"号上的医院做紧急外科手术。

而今天也有开派对的理由：第一航段的半期庆祝会！如果不把漫长归途算在内的话，科考第一航段的时间已经过半了。没有人知道，返程需要多长时间。我们在工作甲板上烧烤，派对就在近旁的工作间——湿实验室和摩擦力实验室里举行。轮船绞盘的线缆通常会从"极地之星"号腹部深处，经由此处牵往船外，不过这里也随时摆放着打开的折叠桌椅，供我们下班后闲坐。

"极地之星"号上的派对有着独特的魅力。之前历次科考中，我经常在这里蹦迪蹦到深夜。昏暗的派对房间里，人们几乎会忘记自己身在何方——可一旦去外面呼吸一下新鲜空气，看见明亮的午夜里，太阳划过散发着粉色光芒的南极冰山上空，或者看见冰山某个平滑的坡面映出轮船的剪影时，这种错觉就会烟消云散。

但是我们的半期派对总是处在黑暗中。这里黑夜与白天没有区别。在派对上，很容易看出船上哪些人关系很好——有些人甚至关系非常好。他们并肩进行高强度的工作，每天一起分享迷人的景象，很容易拉近人与人之间的距离。谁没有体会过呢？共同的经历让人亲近——没有什么比极地科考中的共同经历更加令人印象深刻了。

我在历次科考中结识了一生的朋友，也认识不少在科考中相识的情侣。他们后来组建了家庭，为极地科学家生产后备力量。

"半期之夜"正在进行，就像所有有趣的派对一样，有着自己的节奏。我们甚至还赢得了多出来的一个小时，因为船时调整了。我们两次蹦迪蹦到凌晨3点。

2019年11月3日　第45天

派对之后的宁静上午。今天风变大了，10米/秒，仍然来自东南方向。

接近下午2点时，一枚挂在营地里绊网上的闪光火箭起火了。我们挂设绊网和上面的闪光火箭，是为了让它们在黑暗中提醒我们北极熊的靠近。有一个小组检查了一下绊网，没有发现北极熊的踪迹。也许触发火箭的是结冰的绊网和风。

114

2019 年 11 月 4 日　第 46 天

　　有一位同事被冻伤了。他用手拿取和操作了冰面导航记录仪，而且手上只戴了一层薄手套，没有使用触控笔，也没有戴较厚的滑雪手套。目前船医正在治疗他冻伤的手指，但是还不确定能不能保住它。不过这根手指最后还是得救了。

　　这可不好。不能让这样的失误潜入科考队。我在每日例会上再次强调，同组的成员一定要相互留意，如果有人一时疏忽，没

船上医院

　　尽管有各种预防措施，但科学考察过程中仍然可能出现意外事故和严重的疾病。所以"极地之星"号配备了设施齐全的小型船上医院：手术室、诊疗室、病房、传染病隔离站以及充足的药品储备一应俱全。在这里，船医与护士甚至可以用固着剂治疗开放性骨折，或是进行诸如盲肠手术或腹股沟疝手术的简单手术。医生能够使用超声波仪器和数字化 X 光机，还可以化验血象。科考进行到下半段期间，全球暴发了新冠肺炎疫情，一艘负责补给的破冰船甚至送来了诊断新冠病毒的仪器。对于 MOSAiC 计划而言，全面的医疗后勤保障尤为重要，因为在科考的特定航段，将病患迅速转运至陆上医院几乎是不可能完成的任务，而且即使可能也需要花费数周时间。不过大多数情况下，船上医院只治疗过割伤或流感之类的轻微伤病。流感患者会被送入隔离站进行隔离，并且单独使用一套通风系统——否则病毒会很快在整艘船上传播开来。

有做好皮肤防护就走进寒风，一定要提醒他，一定要经常相互询问，身体状况如何，是否一切正常。在这样的环境里，我们务必要关心自己和他人，并且相互帮助扶持。一旦有可疑情况，我们必须暂停或中断工作，即便这会耗费时间。我希望离开北冰洋时，我们的手指一根也不要少。

2019 年 11 月 9 日　第 51 天

北极熊警报！今天我们遇上了经常在脑海中想象的，也经常为之演习的那种紧急情况。一旦遇上这种险情，就只能指望自己能够在几秒钟内做出正确的判断。

一头北极熊神不知鬼不觉地潜入了科考营地。它绕过绊网的西南端，没有触动警报就从黑暗里出现，并在"气象城"现身。当"气象城"的防熊队员发现它时，它距离人们只有大概 50 米，而且做出了预示着危险的动作——它扬起鼻头，脑袋摇来摇去，一边吸入空气一边靠近营地。这是北极熊在好奇时会有的举动，它想知道前方有什么，是否应该对潜在的猎物发动迅猛的攻击。这不是演习，而是危险的现实。正前方的熊也不是训练中硬纸板做的模型，而是一头上百千克重的、跑起来像闪电一样快的猛兽。在这样的距离下，这头熊三秒之内就能把人扑倒。北极熊的短距离冲刺速度可以达到 60 千米每小时。

当时在"气象城"值守的防熊队员，是科考队里防熊经验最丰富的人之一。他立即做出了反应。在人熊距离如此近的情况下，要使用信号手枪，只有两种不尽如人意的选择：一是朝向自己和北极熊之间的雪地开枪，这样闪光弹就会在雪下爆炸，然后发出"砰"的一声闷响；二是向高处开枪，瞄准接近自己头顶上方的位置，这样闪光弹就会在高高的半空中炸开。在这样的距离下，绝对不可以直接向北极熊来的方向射击！因为子弹会从北极熊身边飞过，然后在它的身后爆炸。这时受惊的北极熊会直接冲向前方的人，造成典型的双输局面。当熊已经离得这么近的时候，就没有真正周全的对策了。

防熊队员决定向高空射击。北极熊上方的高空中传来一声爆炸声，它完全不明白这声音是从哪里发出的。北极熊往天上看了看，可是没有转身离开，而是立刻又把兴趣点放在了前方的人身上。它可能完全不知道，人就是那个响声的来源。防熊队员又装上了一发子弹，开了第二枪——还是向高空射击。效果是一样的，北极熊没有回头，它的举动仍然很危险。

现在到了最紧急的关头：一只距离不到 50 米的北极熊，闪光弹也吓不走它，而且它还在继续靠近。这意味着生命危险。防熊队员按照备忘录行事。他给步枪上膛并瞄准，再次试图驱赶北极熊，朝向北极熊头部的上方开了有力的一枪。

北极熊终于辨认出，这个响声来自人类。现在它感到害怕了，一溜儿小跑逃回了黑暗里。它一下子就敏捷地跃过了我们为了防住它而挂设的绊网，并且没有触发上面的警报。舰桥上发出的探照灯灯光追踪着这头猛兽。

尽管北极熊没有跑出多远，但这为冰上人员撤离赢得了足够的时间。听到全员已回船的报告时，我在舰桥上大松了一口气，跌坐进椅子里。

然而现在还要确保这头北极熊不会在我们这里定居，而是去别处继续漫游。一位持枪的女科考队员被派往冰面，前去支援防熊队员。两人一起骑着雪地摩托追赶北极熊，同时在安全距离内发射几次闪光弹。在这样的距离下，闪光弹发挥了应有的作用：子弹在人和熊之间的空中爆炸，驱使熊继续奔逃。我们还会驱使北极熊穿过我们的气味旗，以免之后它再次被我们的气味吸引。然而在这项行动中，北极熊显得并不太害怕。它频频站住，还向两人转过身来。它又开始扬起鼻子吸气，想知道那边有没有什么可吃的东西。不过每回闪光弹都让它再次确信，在这里发动攻击不安全——它终于走了，执行驱熊任务的两人也返回船上。舷梯收起，局势终于回复平稳。

117

　　我们在舰桥上借着探照灯的光用望远镜和剩下的那台热成像摄像机又追踪了北极熊半个小时。

　　在热成像摄像机的屏幕里，北极熊全身发红——驱熊行动让它激动和紧张。它现在必须让

汉斯·霍诺尔德（Hans Honold）在一道冰脊上的高处担任防熊队员。在冰上作业的每个小组里都有一个防熊队员。防熊队员由科考队员们轮流担任，每次执勤两到三个小时。

自己的体温降下来，不能过热。它不停地在雪地里打滚儿，又把头扎进雪地里。与被皮毛覆盖的身体相比，它的头部隔热没有那么好。看着北极熊在气温零下 25 摄氏度还刮着寒风的环境里明显热得不行——它必须扎进雪堆才能凉快下来——真是有些奇特。

然后北极熊继续往前走，消失在一片冰脊的遮挡下。用热成像摄像机还能看到，它总是躲在一道冰脊后面，然后探出热乎乎的脑袋，想看看刚才把它吓得不轻的到底是什么怪玩意儿。而我们可以说：惊吓是双向的。终于，我们看不见它了，它的行踪也消失在黑暗里。

鉴于我不知道这头北极熊目前在何处藏身，而且它来访时表现得对我们非常感兴趣，因此我没有让任何人下到冰面，也没有放下舷梯。这头熊的营养状况显然不佳。它的举动表明，它正在近乎绝望地觅食。这头熊令我担忧。

没错，不到一个小时后，我们通过热成像摄像机，又在左舷斜后方发现了这头熊。这台热成像摄像机不像"第一海军"，不能 360 度全方位拍摄，但是可以严密监控左舷后方和船尾一带。在接下来的半个小时里，北极熊绕着轮船行走，与船总是保持了几百米距离，而且不断躲到冰脊后面去——这是典型的捕猎行为，但是它没那么害怕了。它之所以还保持了距离，可能是用闪光弹驱熊的成果。

这头北极熊绕过船尾，到了右舷一侧，即将走到绊网的末端。然而绊网前还有一个卫星定位系统（Global Positioning System, GPS）站。这个站点上插了一面旗帜，为的是给冰上作

科普小贴士

极地科考队员吃什么?

14000 个鸡蛋、1400 升牛奶、1 吨土豆、150 罐巧克力坚果酱——仅仅在科考的前三个月里,"极地之星"号上就装运了这么多食物库存,伙食清单上还另外有 1500 项食材。除此之外,还有两个集装箱的备用食物。我们只能在紧急情况下动用。它们便于长期储存,可以保障全船人员在库存耗尽后还能获得两个月的食物供应。在极地科考中,充足良好的食物供应是重中之重。用餐时间是规定一天作息的时间节点。丰盛的饭菜有助于保持船上的士气。为了填饱船上近百人的肚子,两名主厨和两名助手每天从早上 5 点工作到晚上 6 点半。每准备一顿饭,他们就要给 50 多千克的土豆削皮。面包师甚至要每天凌晨 2 点开始干活,这样才能确保"极地之星"号上每天都有新鲜出炉的小面包,有时下午甚至还有蛋糕供应。"极地之星"号上的饭菜多是德式家常菜:炖牛肉、咖喱肠或者煎肉排。每次航行中,只有新鲜蔬菜会越来越少,直至告罄。先是做沙拉的绿叶蔬菜没了,然后是番茄和黄瓜。有的科考队员晚上做梦都梦见吃西蓝花和樱桃。截止第一航段在 12 月结束时,极地科考队员们已经消耗了 12.7 吨的食物,多于他们在其它科考中的消耗量。队员们每天在冰面上顶着极寒进行繁重工作,致使他们需要更多的热量。

业标记坐标。这个标记物已经被北极熊探访了好几次,然后这一次也未能幸免。北极熊把它仔细地检查了一番,还站起来想够到那面旗帜。

在我们的视角看来,这头北极熊面对我们的建筑时,表现得过于大胆,而且似乎越来越自在。我正考虑着是否要再来一次出动雪地摩托的驱熊行动，这头熊就离开了 GPS 站，向绊网跑去。显然，它能够在黑暗中清晰地看见绊网上的细线。它小心翼翼地嗅着绊网，沿着绊网走了几米。这样的好景会长吗？

119　　"砰！"绊网上的火药被引爆了。距北极熊仅五米处，一枚闪光火箭笔直地冲向天空，照亮了周围一切，然后又乘着降落伞在空中飘了好久。北极熊猛地从绊网里跳出来，发了疯一样地逃跑了。这次不用再出动人力来制造它对我们的恐惧了。这头北极熊跑开了，从此以后再也没有见过它。不过那个恐怖的问题——这头巨兽正在黑暗中的何处——萦绕了我们好几天。

120　**2019 年 11 月 10 日　第 52 天**

　　今天是星期天。大家都注意到，早上我们只有鸡蛋吃。当初在往船上装配食物时出了差错，导致我们每周四和周日的早餐都特别朴素。蔬菜供应也有些紧张了，所以最近好多天的午餐都没有菜花或西兰花了。有蔬菜吃的那天，大家就会特别高兴。每个人都盼着 12 月中旬时，"德拉尼岑船长"号（Kapitan Dranitsyn）会运来新鲜的食物补给。

　　今早船上明显比平时安静得多。上午没有安排冰上作业，趁着"极地之星"号上任务最为繁重的几个月开始以前，许多科考队员都想好好放松几个小时。不是每天都有几个小时的放松时间！

　　我待在自己舒适的船舱里，打开我最爱在周日上午听的音乐。我在家的时候也喜欢在周末的早晨听这支曲子——Bona Fide 乐队的《Soul Lounge》。我边听音乐，边把昨天的北极熊事件在脑海里又过了一遍。

这可不好。北极熊距人 50 米时才发现它，这本身就非常危险，情况随时可能急转直下。那头北极熊很可能在几秒钟以内扑向"气象城"里的科考队员，造成可怕的后果。我想起了上一次发生在斯匹次卑尔根岛的北极熊袭击事件。当时北极熊在无人察觉的情况下潜入营地，导致多人死亡或重伤，后来它自己也被击毙。不敢细想。

处于我们的"堡垒"这样遮挡物众多的地形里——到处都是数米高的冰块和冰脊，还有深深的沟槽遍布其间——又是在黑暗中，只有我们的头灯和手电照明，很难及早发现北极熊。如果用上我们的热成像摄像机"第一海军"，就能早很多在舰桥上看见北极熊，正如之前有北极熊造访时一样——可是它又失灵了。

现在一到了户外，防熊队员们就只能靠自己了。这是一项艰巨至极的挑战：每一班长达两到两个半小时。值班期间，注意力要高度集中，只能借助头灯的光线看向黑暗。可能有好几个星期什么都看不见，然而还是必须保证每一秒的注意力都高度集中，这样才能立刻注意到正在靠近的北极熊，而且才能在一刹那做出正确的反应。大家轮流做这项工作，每个人都必须上岗。

不过现在看来，这种安排也不够安全了。我们必须加长整个科考营地周围的绊网，这样至少在营地里作业时，不怎么可能受到北极熊的袭扰。我们现在必须抓紧时间做这件事。

下午，我踩着滑雪板沿绊网检视了一圈，仔细地探查了那里的情况。根据北极熊的足迹可以看出，它逃跑时直接跃过了绊网，根本没有触发它。在它越过绊网的地方，风把雪堆成一堆，使得网线与地面之间的距离变低了。因此我们必须定期检查绊网

121

的情况，还要在网下堆雪的地方把网加高。

之后我又往北走得更远些。气温接近零下 30 摄氏度，几乎无风，只能感觉到背后有一点微风。我只听见滑雪板在寒冷的雪地上滑行的声音——与在较温暖的雪地上的声音不同。这个声音要更坚硬，更粗粝，在冻硬了的地面上继续传播。从滑雪板与雪地摩擦的声音，就可以对温度做一个大概的估计。

橘色的满月紧挨着地平线。它是那么巨大，看上去不太真实。满月之上是闪亮的星辰，深处是漆黑的宇宙。我在黑暗的冰面上滑行，穿过数米高的道道冰脊，途经史诗般的"冰雕群"，又穿越了散布其间的低矮平地。那里原本是去年夏天出现的融化坑，现在又被冻牢了。如果我站住不动，四周就没有一点儿声响，只能听见自己的呼吸声。除此之外，只有笼罩万物的寂静。月亮将一切浸入惨淡的月光里。即便没有头灯，冰原也在月色下显现出了轮廓。眼前的景象仿佛来自天外。深黑色的阴影投在地势低矮的平地上。那平地的颜色还要更黑，黑得绝对，黑得几乎不真实。远处时而传来声雷达发出的极细微的"唧唧"声。声雷达是一种通过向天空发射声波来测量大气层中的风与湍流的仪器。我感觉自己正在探索一个永远处于黑暗和冰封中的外星球，也许是在土星的一颗卫星上，或者是在科幻小说和电影里的虚构行星上。这个天体有一颗比邻的行星，它好像一枚低挂在地平线上的橙色圆片，缓慢地沿着轨道滑行。而我们所熟知的那个地球，似乎和这里毫不相关。

背后吹来的微风风速很慢，正好与我滑雪的速度相同。于是我呼出的白气跟着我飘，很快凝结成冰雾。我就在自己制造的冰雾里行进，头上的头灯穿过冰晶，十分晃眼。我只好屡屡停下，拨开冰雾，然后在高处借着头灯的光线看看周围是否有北极熊出没。即使这里完全像一个死去的外星球，但还是有饥肠辘辘的生物在黑暗中逡巡。它们会袭击和捕食我这样的人类。

2019 年 11 月 11 日　第 53 天

风力五级，零下 26 摄氏度，降雪，强劲的风吹雪①。对于采集冰芯的小组来说，这个天气相当寒冷。尽管如此，他们今天还是带回了几十个冰芯。他们在户外就已经分析了部分冰芯，然后又将它们放入船上的冷库，以备日后在国内的实验室里继续研究。在冰上工作七个小时以后，人人回船时都满脸冰霜，难以辨认。他们的睫毛上挂着沉重的冰晶，脸上的其他部分完全被"冰面具"遮住了。

2019 年 11 月 13 日　第 55 天

过去几天里，绊网上的闪光火箭被触发了两次——但没有发现北极熊。上午，我和后勤小组的托马斯·施特尔本茨（Thomas Sterbenz）一起勘察铲雪车的行驶路线。托马斯·施特尔本茨刚刚在诺伊迈尔站度过了南极的冬天。我正是在那里认识他的。他会很多技能，所以我争取他加入了此次科考。现在他从南极又到了世界的另一头，成了我们的机械主管，负责所有的车辆并驾驶铲雪车。托马斯，还有他在南极时的同事亨内克·霍

---

① 气流裹挟分散的雪粒，在近地面运行的天气现象。——译者注

123 密不可透的黑夜、头灯下深黑色的投影和只有黑白反差而没有色彩的海冰，常常使得冰上营地仿佛位于一个冰封雪裹、黑暗永寂的陌生星球上。

伊克（Hinnerk Heuck）——下一航段中的轮船机械主管——以及机械组的其他同事们都有着丰富的经验，还有超强的随机应变的天赋。他们的工作保障了，即使在最艰难的条件下，科考也能继续进行——没他们绝对不行。如果船上没有需要的备用件，他们总会临时想出办法来。质量不佳的燃料在管道里被冻住时，是他们找到了解决办法。到了科考末期，铲雪车还有许多其他交通工具都必须经由机械师们的帮助或他们天才般的应变，才能发动。不过它们还是能开的！

配备有铣刀和吊臂的铲雪车是一台体型庞大的履带式车辆，重量在 16～17 吨之间，需要至少厚达一米的冰层——薄于一米的冰恐怕承受不住它的重量，所以它迄今为止都还在船上。在冰上，我们需要强大有力的机器帮我们干重活儿，特别是修建机场

跑道。没有跑道，明年年初就无法实施用飞机运

极夜中的"极地之星"号。

输物资人员的计划。如果海冰太厚，破冰船来不

了这么靠北的地方，就只能实施飞机运送物资的方案了。

　　轮船旁有一条也许可以供铲雪车行驶的路线，沿线的冰都有

124

近两米厚，但是铲雪车不能穿越那片之前布满融化坑的区域。那

里的冰现在还只有 70 ～ 80 厘米（起初是 30 ～ 40 厘米）厚。我

们决定暂时让铲雪车继续留在船上，等待时机。不过我们已经试

用了一下车上的铣刀。这是我们特意装配的部件，方便削平冰

脊。铣刀运转良好。如我们所愿，它能吞噬一切冰脊，把它们碎

成一大堆冰沙以后再吐出来——观看全过程非常享受。

　　垂钓客们也有收获。一位同事用鱼竿从"月亮池"中 400 米

深的水里钓起了一条 76 厘米长的大西洋鳕鱼。"月亮池"是"极

地之星"号的竖井。这个竖井有 11 米深，位于船体中部，穿过

125 漆黑无色世界中的月虹，摄于一次长途滑雪远足中。

船壁，直通大海，人们喜欢在这里垂钓，而竖井之外的海水被海冰覆盖，一旦凿开冰面就要费很大力气才能不让它冻上。

晚上，包括海员和科学家在内的全船人员一起在冰上踢足球。一眨眼的工夫，我们就建好了"拉普捷夫海体育场"（Laptewsee-Stadium）——用旗帜标记球门，工地上的 LED 大灯做强力照明，当然外围还有两名防熊队员。毕竟这是世界上最靠北的足球赛，在北冰洋的冰原上举行，同时还需要持枪的安保人员。不过赛况和全球其他地方一样激烈，一时所有人都恍惚忘记了这场球赛的举办地点和条件。

126　**2019 年 11 月 15 日　第 57 天**

我滑雪路过"ROV 城"，起初还在大路上，后来滑入了路边黑暗的深处。身后的满月悬在地平线上。皎洁的冰雪世界都浸在那显得不真实的苍白月光里。冰脊峥嵘，它们的轮廓仿佛一条条浅色丝带，其间是静卧于阴影中的深黑色冰原。惨淡的光线下，僵立着各种状貌奇诡的冰堆。我身后的"极地之星"号的灯光变得越来越小。

无风，气温零下 15 摄氏度，相对而言算是温暖。今天在温度较高的雪地上滑行，非常顺畅。滑行中发出的响声也比气温较低时的声音更柔和。如果温度很低，雪地发出的声音会显得喑哑，滑行也不那么顺畅。头顶上铺展着一片清朗的天空，虽然有月光，但还是能看见无数闪闪烁烁的星星。

空气里经常闪动着冰晶的微光。月光在这些冰晶中破碎。前方的天空中出现了一道高高拱起的月虹①，黯淡无色，和一般彩虹一样大，正好在月亮的正对面。月光下，我的头映在雪地上的影子恰恰在月虹的中心。这是什么奇特的现象？形成月虹的条件是空气中存在液态小水滴。难道在冰晶之间也存在小水滴吗？在零下 15 摄氏度的气温下仍然存在小水滴，这并不奇怪。因为小水滴不容易结冰，即使在更低的温度下也往往是液态的。而它们结冰的过程，是我们重要的研究对象之一。

但是就连在这种条件下，我也没有观察到结冰的现象：气温远远低于零度时，飘浮在空中的小水滴一旦接触到物体表面，就会迅速凝结成一层薄冰——在眼镜上和极地工作服上就能观察到这种现象。这是直升机的噩梦，因为表面骤然结冰会使直升机无法飞行。但是这里没有任何结冰的迹象。也许前方冰面上有一片

---

① 月光折射产生的彩虹，一种罕见的自然现象。——译者注

127

一枚保存在丙烯酸里的雪花晶体。在气温极低的冬日里，空中往往满是飘扬的雪花，在头灯的光线下仿佛闪烁的小星星。图中的晶体直径大约为1厘米。

处于混合状态的雾，一部分是小水滴，一部分是冰晶，不过都没有弥漫到我身边来。

在我身边，天空中缓缓飘下大片大片精美绝伦的雪花晶体，仿佛小星星，直径可达1厘米，形状平整。晶体上的每一个分枝都精致到极点。它们在头灯的光照下倏忽闪过时，好像一面面小镜子，将光线反射向我的双眼，并在空气中制造出一种魔法般的晶莹闪烁。回到船上以后，我极其小心地收集了几枚这样的"冰星"。它们稍纵即逝，十分脆弱，最轻柔的动作也足以让它们破碎。

尽管如此，我还是成功将几枚雪花完好地搜集到了载玻片上。我在载玻片上滴了一种特殊的试剂，然后用盖玻片把雪花盖住再封存起来。接下来的几天里，冰晶周围的试剂会在低温环境下固化，雪花晶体里的少量水分会逐渐渗出，留下的就是连最小的细节也保留完好的雪花标本。白色的雪花被保存在固化后的透明丙烯酸里。这个技术是我从机械师托马斯那里学到的。他待在诺伊迈尔站时，把这门手艺练得炉火纯青。这样一来，我就可以把这些原本短暂易逝的北极艺术品带回家去，送给我亲爱的人们。

128

天气预报显示周末有风暴，风力有七到八级，有时甚至高达九至十级。如果风速达到100千米/小时，就算得上是猛烈的风暴了。在马塞尔的提议下，我们原本计划星期天去冰上做一次"羽衣甘蓝远足"。这是德国北部的习俗，即人们在天气寒冷的冬日出门远足，然后回家吃热气腾腾的羽衣甘蓝。现在出于安全考虑，我取消了这个计划。

第五章　极夜风暴

　　星期六上午 7 点，史蒂凡·施瓦泽和我站在舰桥上，一边商讨今天的安排，一边看着眼前正在变强的风暴。我们身后，咖啡机正在"咕嘟"作响，正准备涌出今日第一杯咖啡的香气。每天早上我们都有例会，与会者还有：大副乌维·格伦德曼（Uwe Grundmann），他是船长的助手；马塞尔·尼克劳斯，他充当我的助理；轮机长严斯·基瑟（Jens Kieser），他是全船机械的负责人，领导轮机部的工作；无线电机务员格尔德·弗兰克（Gerd Frank）；还有船医伍尔夫·米尔施（Wulf Miersch），我们都叫他"医生"。每天 7 点 20 分左右，在工作甲板上值班的水手长会打来电话，参加早晨的例会。水手长领导甲板上的水手，负责当天所有在甲板上开展的工作。

一如既往，例会上总是要说明一些问题：昨晚是否有异常情况？今天船员们需要做什么事情？吊车有什么任务？在风暴增强的情况下，还可以进行哪些工作？诸如此类。每日一次对船上的一切事务进行表决，已经成为了我们的日常仪式。今天一切正常，没有突发状况，气氛比较轻松。应该会是顺利的一天。

130　　然而突然传来一声巨响，随后一阵贯穿全船的猛烈撞击，船开始摇来晃去，我们脚下的船体开始颤动。与此同时，船头外面出现"嘎吱嘎吱"的响声。我们正前方的冰面受到了巨大的压力，后来终于支撑不住——船头前方的一道冰脊全都裂开了。右舷一侧的冰面向前推挤船头前方的冰，然后沉入船前冰面的下方。冰面裂隙处隆起了一块块几米高的大冰块。它们因为自身的重量沉入大洋，又被随后涌来的冰块推挤——一座崭新的冰山诞生了。新的山岭在数百万年间的大陆板块漂移中形成时，一定也是类似的景象。我们眼前的场景与板块构造学说的描述相似，只不过千百万年的时间被浓缩为片刻。使冰山与山岳隆起的正是同一种力量。

新形成的冰山的重量将浮冰大范围下压。海水涌入冰面裂缝，淹没了新冰脊沿线的区域。在探照灯的照射下，冰脊两侧仿佛有碧水粼粼的池塘，煞是好看。上有冰峰，下有深谷与大湖，一个完整的冰原地貌就这样在区区几分钟之内形成了。

我们入迷地看着眼前的奇观。医生在用手机录像。不久，浮冰内部的压力释放殆尽，冰层之间的挤压也逐渐停息。20分钟以后，船外又完全复归宁静。但是周围的环境已经发生了改变。我们必须迅速对此做出反应。

现在我们前方横亘着一条更高的新冰脊。它距离我们的主电路更近。眼下，主电路有被它吞噬的危险。更糟糕的是，新冰脊形成的同时，在与它垂直的方向上，冰面出现了一串裂隙。它们并不很宽，有些裂隙不到30厘米，但最宽的可接近1米，同时还向我们的"堡垒"方向延伸。有一条甚至已经深入其中。我们怒涛中的磐石，我们稳固的基地，竟然出现了裂隙！

我们在被一道新冰脊彻底改变的环境里展开工作。

这些裂隙一路穿过电缆和"ROV 城"的道路——又来了！——然后又穿过遥感营地，在"海洋城"与营地轴线上的主干道和主电路交叉，最终消失在位于"堡垒"内部的"气球小镇"处。在遥感营地那里，裂隙的分叉尤其多，而且距离冰面上的器材特别近。其中有些器材还是这次科考中最昂贵的设备。那边整个区域显然不再稳固安全。

131

随后，一个小组迅速出动。他们将主电路撤离逼近的冰脊，移到更靠近船尾方向的位置，使之远离危险。另一个小组前往遥感营地，实地勘察那里的情况并抢救可能遭受危险的器材。幸好浮冰的运动告一段落，我们才得以有条不紊地开展上述工作。

我们其他人留在船上，为即将到来的风暴做准备。冰面上一切不必要的装备都被运回船上。起重机将四台雪地摩托吊上了船。风暴来临时，它们在船上更安全。另外四台雪地摩托留在冰上，以确保我们在风暴中遭遇突发情况时也具有机动性。我们又把主电路和数据线缆移得离冰脊远了一些，希望它们在那里会更安全。

132 　下午，我又踩着滑雪板巡视了一圈营地。这时的风力达到8级，但是暖和得不可思议。风暴逼近，气温上升至零下8摄氏度。我穿着极地工作服，热得出了汗。强风也不会刮得脸疼，我甚至不必把自己捂得严严实实，因为今天不那么容易被冻伤。

越来越强的大风卷起雪花，不过这风吹雪只有1米高。但是在风雪中，借着头灯的灯光已经看不见前方脚下的路了。我滑雪穿过一片流动蜿蜒的雪海，进入黑暗之中。

风吹雪之上的能见度很高，而降雪才刚刚开始。我确认自己还能够辨认出北极熊，如果有北极熊出没的话。一个小时之后，人再在路上走就不安全了，因为越来越大的降雪会降低能见度。这里和南极多么不同啊：在南极，遇到比这更猛烈的风暴时，我也在外面走过，一路攥着沿线用来指示方向的抓绳——虽然那时候我连自己的脚，甚至连眼前的手都要看不见了，但是在南极，最多也就是被躲避暴风雪的企鹅绊倒，它们可不会吃人！

　　营地里的一切都很牢固。地上没有散落会被
吹走的东西，也没有可能被雪掩埋的建筑物。全
员回船，舷梯上升。风暴可以来了！

风暴将至时的"极地之星"号。

　　脱下一层层衣服，我在自己的船舱里煮了一壶咖啡，打开动
听的音乐——"远景俱乐部"[1]的歌——然后写日记。我们已准备
妥当，现在反正也再没有什么可做的了。放松的时间开始了。这
里的休息时间总是太少。

　　也许乍一听有些吊诡：外面风暴肆虐，越来越强，它在船
边呼啸，晃动着船体；我们无依无靠地身处北冰洋浮冰中的荒芜
之地，我们原本安全的浮冰现在随时可能破碎——而今晚我却给
自己放了个假。当然，我还是会每隔一段时间去舰桥上看看，但

---

[1]　"远景俱乐部"（Buena Vista Social Club），一支主要演奏古巴音乐的乐队。——译
　　者注

越来越没有这么做的必要了。现在强降雪已经完全遮盖了视线。窗外只能看见狂风暴雪。是啊，准备妥善以后现在就没什么事要做了——这令人十分心安。我很早就上床睡觉了。对于可能到来的情况来说，睡足觉就是最好的准备。

2019 年 11 月 17 日　第 59 天

我的船舱里，从舰桥打来的电话突然响起。铃声尖利，骤然打断了夜晚。这时是凌晨 5 点。风暴依然凶猛，不过雪停了，视野变得清晰起来，周围的一出好戏展现在我们眼前。

风暴以一己之力完成了所有工作。昨天傍晚还有裂隙的地方，现在已经是一片布满小冰块的"废墟场"。这些冰块漂浮在一条 30～40 米宽的水道里。这一道开阔的水域在我们船头前方 50 米处，无论是向左望还是向右望都看不见它的尽头。在右舷一侧，这条水道切断了通往"ROV 城"的道路和电路，然后继续向"堡垒"的方向延伸，在"海洋城"后方一点的位置切断了轴线上的主干道，然后消失在"堡垒"深处。进入"堡垒"区域以后，这片"废墟场"变得狭小了。主体部分收窄为一道将近十米的裂隙。风暴一夜之间直接吹翻了"ROV 城"里重 700 千克的配电器和船边同样重的主配电器。只见它们躺倒在一边，底座上的雪橇指向天空。

不过目前最紧迫的问题是电缆。风暴将"ROV 城"的电缆全部从架子上扯下，它们在冰上就像一条歪七扭八又绷得很紧的橡皮筋，被困在角落里的一个浮冰孤岛上。

这里的情况紧急。线缆随时可能不受控制地断裂，从而出

科普
小贴士

风有多快?

常用的风速单位有很多，需要相互换算。最好的风速表述方式是符合物理标准单位体系的"米／秒"（m/s）。然而对很多人来说，用"千米／小时"（km/h）表述风速更为直观。另外还有两套应用相当广泛的传统单位体系。在航空航海业中，通常以"节"（kn）表述风速，即海里／小时。气象学中常用蒲福风级（Bft）。它将常见风速分为从无风（0Bft）到飓风（12Bft）的13个等级。时至今日，美国仍然使用旧式的风速单位"英里／小时"（Meils per Hour, mph），陆地上的1英里较海上的1海里稍短。

蒲福风级表

蒲福风级	风力名称	km/h	kn	m/s	mph
0	无风	0 ~ < 1	0 ~ < 1	0 ~ 0.2	0 ~ 1.1
1	软风	0 ~ 5	1 ~ 3	0.3 ~ 1.5	1.2 ~ 4.5
2	轻风	6 ~ 11	4 ~ 6	1.6 ~ 3.3	4.6 ~ 8.0
3	微风	12 ~ 19	7 ~ 10	3.4 ~ 5.4	8.1 ~ 12.6
4	和风	20 ~ 28	11 ~ 15	5.5 ~ 7.9	12.7 ~ 18.3
5	清风	29 ~ 38	16 ~ 21	8.0 ~ 10.7	18.4 ~ 25.2
6	强风	39 ~ 49	22 ~ 27	10.8 ~ 13.8	25.3 ~ 32.1
7	疾风	50 ~ 61	28 ~ 33	13.9 ~ 17.1	32.2 ~ 39.0
8	大风	62 ~ 74	34 ~ 40	17.2 ~ 20.7	39.1 ~ 47.1
9	烈风	75 ~ 88	41 ~ 47	20.8 ~ 24.4	47.2 ~ 55.1
10	暴风	89 ~ 102	48 ~ 55	24.5 ~ 28.4	55.2 ~ 64.3
11	狂风	103 ~ 117	56 ~ 63	28.5 ~ 32.6	64.4 ~ 73.5
12	飓风	118 以上	64 以上	32.7 以上	73.6 以上

现损坏。我叫醒了后勤组的奥顿·托尔夫森（Audun Tholfsen）和汉斯·霍诺尔德。汉斯接替了我在舰桥上的工作。我和奥顿则下到冰上，要去松开"ROV 城"的绷紧的电缆。不过出发之前，我们必须带上武器，还要给枪装上子弹。这样枪拿在手里就能射击。

风暴仍在继续，风力达到 9 级甚至更高，气温降至零下 20 摄氏度——气温短时间内骤降了 12 度。明显的降温说明，低压气旋的冷锋已经离开我们了。这种情况下，睫毛很快就会被冻住。

我们还没走到配电器所在的位置，连接器就从固定器上掉了出来。这个固定器原本将线缆固定在厚厚的电箱里，于是没有通电的线缆一下子变松了。这很好。

电箱上的连接器乍一看大体上基本完好，但是从配电箱牵出的往"ROV 城"方向的电缆消失在水道里混乱的冰块中。短时间内我们是找不到它的。在冰块堆和电箱之间，我们只是把松下来的线缆放在冰上，这样即使有新的冰层运动，它也不会缠住。断电以后，水道另一边"ROV 城"里的温暖灯光当然也熄灭了。

我们扫视着营地轴线沿线的基础设施。不出所料，水道那边的灯都不亮了。"气象城"和遥感营地死气沉沉。不过"气球小镇"里巨大的橘色帐篷依然亮着灯，在风雪与黑暗中发出令人安心的红光。这意味着，"海洋城"的配电器还有电。

我和我的同伴从由风力堆积而成的高高雪堆里挖出一辆雪地摩托。我们发动摩托，清除了灌满发动机的积雪。几分钟以后，雪地摩托就能开动了。然后我们驶向"海洋城"。那里的配电器

136

后面一片狼藉。三角支架横七竖八地倒了一地。它们原本承托着从这里通往"气象城"、遥感营地和"气球小镇"的电缆及数据线。在被压力抬升到裂隙边缘的冰块堆里，两条橙色粗缆线时隐时现。

我们在配电器里截断了遥感营地的线缆，把它们牵往船的方向。风暴将它们从遥感营地的配电器里全部扯了出来。我们在水里找到它们的时候，线缆末端已经完全散开了，后来又费了一些力气才把它们捞了上来。至于通往"气球小镇"的线缆，我们就让它们那样绷着，只是出于安全考虑，把它们移得离裂隙再远一点。但是短时间内无法展开对"气象城"的救援，因为它在水道对岸。和"ROV 城"的情况一样，那里的线缆也绝望地消失在"废墟场"上的杂乱冰堆里。我们必须派出一支人手更多的小队，还要有充足的时间，才能解决那里的问题。

于是我们返回船上，开始筹划今天的线缆救援行动。为此，奥顿已经将两艘装备有木板和绳索的皮划艇绑在了一艘灵活的双体船上。这肯定大有用处。早餐后，一支八人小队出发了。他们将皮划艇和双体船拖到了"海洋城"附近的裂隙处。

小艇在那里下水后，两人就上艇了，直接在连接处切断通往"气象城"的电缆。之后，动力强劲的雪地摩托会将变得光滑松弛的电缆末端从混乱的冰堆里拉出来，从而保障其安全。对于"ROV 城"的线缆，也是同样的操作流程。然后全组人员安然无恙地回到轮船上。

傍晚，裂隙区的冰面全部裂开，形成了一片远远超过 100 米宽的水域。水里还漂浮着几十块较小的浮冰碎块。三条将我们的

138

在冰上如何出行？

浮冰上设置了固定的步行路线与机动车道。每一个足印、雪地摩托留下的每一道车辙，都会改变雪面还有雪下海冰的性状，有可能导致观测结果失真。所以任何人都不能偏离既定的道路。要从甲地到乙地，科考队员们有多种选择：

- 步行：距离较短时，沿着用旗杆标记的已开辟的道路步行。需要运送物资或装备时，使用轻便的船型雪橇和小型雪橇。

- 雪地摩托：后部有链式传动装置，前段有滑橇。

- 南森雪橇：固定在雪地摩托后，用于运送人员和设备。短距离内也可用人力拖动。把它底朝上翻过来，就可以充当冰裂隙上完美的临时便桥。

- 皮划艇：冬季可渡过冰裂隙与水道，夏季可渡过开阔水域或较大的融化坑。如需运送大型设备，则将两艘皮划艇绑在一起做成双体船，或者将空心塑料浮筒拼成浮桥，屡试不爽。

- "阿尔戈"：履带式小型车辆，可运输冰面上的物品。

- 铲雪车：履带式大型车辆，用于搬运重物以及在冰上开辟宽阔的交通线路，比如飞机跑道。海冰至少厚达一米时方可启用。

- 狗拉雪橇：与历史上作为榜样的科考行动和当今斯匹次卑尔根岛上的科考站不同，狗拉雪橇不在本次科考的计划内。科研人员希望尽量减少外来因素对浮冰的影响，比如动物的毛发可能改变观测结果。

船固定在浮冰上的缆绳中的两条现在都插在了浮冰碎块上，正欢脱地拍打着开阔的水面。左舷一侧的冰面裂开近 100 米。在八级大风中，只剩下最后一条船头缆绳还维系着浮冰和我们的轮船。它正承受着巨大的拉力，每一秒都可能断裂或者把钢制的冰锚弹出。那么我们将无法继续停靠在这里，轮船将不受控制地离开浮冰，随波逐流。

在这样的紧急情况下，我们没时间去发动轮船引擎。简短商讨一番以后，船长给发动机控制室打电话，下令启动四台主发动机中的两台，做好启航的准备，确保我们掌握对轮船的控制力。假使我们被迫启动螺旋桨和发动机，浮冰中的巨大水流会给我们助力。只是，我们应该怎么办呢？当最后一根缆绳也不起作用时，轮船就会无依无靠地漂在水上，我们必须小心驾驶。"极地之星"号的动力系统在休眠数周以后，船体再次因为发动机内的活塞运动而微微颤动起来。这会是我们科研城的终结吗?

2019 年 11 月 18 日　第 60 天

早上，一个惊喜等待着我们：夜里，冰面压力增强，所有破碎的浮冰又合拢了。几十块浮冰碎块奇迹般地精准地回到它们原来的位置。浮冰像拼图一样又再次拼上了——这仿佛是想证明"MOSAiC"[①] 这个名字与这次科考有多么相配。于是我们让"极地之星"号的主发动机又回到冬眠状态。现在用不着它们了。轮船重新安稳地停靠在冰上。

---

① 该计划的英文简称 MOSAiC 与英文词 "mosaic"（马赛克）同音。——译者注

145

队员们用翻过来的南森雪橇和木架板搭便桥。有时只有不停地搭建这种临时桥梁，越过一道道冰裂隙，才能到达各个科考站。

139

我们下船考察营地的状况，判断可以安全地去到哪些区域。风暴还在继续，风速中等，有 40 节，即每秒 20 米。到处都堆积着冰块废墟。一个个冰堆之间还有最宽达三米的裂隙，其中满是破碎的或是新近结冻的冰泥。这些裂隙是被裹挟着大雪的暴风填满的，肉眼看不见它们——对于冰上的行人来说，这就是危机四伏的陷阱。因为如果没有看到这些裂隙，就那么毫无经验地踩了上去，裂隙里轻飘飘的落雪和冰泥根本承受不住人体的重量，人最后会掉进冰水中。因此在可能有冰裂隙的区域，我们必须用手杖探路才能安全通过。

为了穿过这座冰块迷宫，我们不得不频繁地搭建便桥。除了搭便桥，我们还把南森雪橇推过冰裂隙，然后将它翻过来。这样就有了一座很好的移动小桥。与此同时，浮冰总是在我们脚下运

动和推挤。

风暴过后，"气球小镇"里的气球棚厂再度稳稳地挺立。

昨天的冰面虽然一片混乱，但我们却颇有些好运气：目前为止，所有的设施应该都没什么大问题。既没有设备沉入海里，也没有仪器受到严重损害。30 米高的气象桅杆在风暴中受了不少苦，现在歪歪扭扭地伸向天空。不过用斜拉索就能把它拉直，这看起来是可以修复的。

140

气球小镇的大棚厂被风吹得有些歪，几乎要把存放其中的系留气球"佩奇小姐"压坏了。这个棚厂是充气软囊做成的。飓风袭击帐篷壁时，软囊的安全阀就会相应地"嘶嘶"放气。但是在风暴中，本来用于持续给软囊充气并自动调节气压的压缩机关机了，没有再次运转。我们关闭了安全阀，重新启动压缩机——棚厂很快又立了起来。现在它应该可以从容地抵御以后的风暴了。

棘手的工作都完成了，我们返回船上。中午过后，风暴慢慢过去了，我们开始分配接下来的任务：必须重新搭建被风暴掀翻的电路支架，把坏掉的部件替换下来；整个电路都需要重建，被雪掩盖的交通线也要用铲子和锄头重新清理出来；要在冰面破碎的危险区域内树立警示标志等等。各组鱼贯而出，整个下午都在冰上忙碌。傍晚，我们又回到了正轨！

2019 年 11 月 19 日　第 61 天

午夜，我正在熟睡中，这时舰桥打来电话："气象城"里 30 米高的桅杆不见了！

从舰桥上我看到这样的景象：破碎区域西南方的整片冰面朝向轮船左舷推进了 50 到 100 米，"气象城"和"ROV 城"正是位于那片冰面上。

虽然破碎区域大部分合拢了，但是那里出现

"海洋城"附近，一道 5 米高的冰脊从两小时前平坦的冰面上凭空而起，几乎吞没科考站。科考站被迫转移。

了一条不明显的细微裂隙。它正好位于气象桅杆的基座和斜拉索的两个固定点之间。这已经足够让桅杆歪斜甚至失去根基了。气象桅杆就这样倒下了，成了裂隙之上一片隐秘的废墟。目前我们无法在那里进行任何操作。

到了白天——或者说极夜里人们约定俗成的白天——我们在乱七八糟的裂隙和冰脊之间探出一条路来，挺进了"气象城"。我们抢救出了气象桅杆的废墟和桅杆顶上的仪器，但整体情况不太好。用于测量大气中湍流的超声波风速计找不到了，很可能已经丢失。不过我们10米高的可移动气象桅杆上也安装有类似功能的仪器，而且还有目前暂时用不到的备份设备。重建大桅杆的时候也许可以用得上它。

今天一天里，破碎的冰面好几次朝着轮船左舷推进。每次一开始，先是在黑暗中听见"吱吱嘎嘎"的响声，这是浮冰在向前挤压。在浮冰相互摩擦的地方会产生由狭窄的新冰脊构成的小堆"废墟"。大约十五分钟以后，冰面的运动会像骤然开始时那样骤然地停下。

2019 年 11 月 20 日 第 62 天

这一回，来自舰桥的夜间电话在 23:30 就来了。这通电话把我拽下了床。破碎区域的南部又开始运动了，正相当快速地向东滑去。在探照灯的光线下，我们从舰桥上观察着全过程。"ROV城"、遥感营地和"气象城"像是被鬼怪之手推动着，一个接一个地从船头边经过。值班船员在绝境中也保留了他独特的幽默感。当各个科考营地朝左舷一侧滑去，消失在黑暗中时，他正用舰桥上的广播播放着《告别的时刻》[①]。外面的世界正在变化，我们却只能高高地站在这里当观众，无能为力。

143　冰块相互摩擦的同时，在破碎区域内生成了一道新的高耸的冰脊。在靠近我们的冰裂隙这一边，"海洋城"旁边的平地上升起了一座五米高的冰山，观测站随时有被它吞没的危险。在冰裂隙的那一边，一道冰脊正在靠近遥感设备，很可能造成损失。

冰面运动在接近凌晨1点时逐渐平静下来。我们的"城市规划"完完全全变了样。被移到剪切带另一边的几个科考营地现在位于轮船东面，距离有600米，其中最远的还是"ROV城"。我只好回去睡觉了，因为现在什么也做不了。

没睡多久，才过了一个小时，舰桥打来的电话又响了。三只北极熊正在从北方靠近科考营地，并且触发了两枚绊网上的闪光火箭。它们被这些装置吓了一跳，就跳开了，但与我们始终保持着大约500米的距离，现在正气定神闲地从船尾绕过轮船，还不时好奇地朝我们望望。这是一头母熊带着它的两头半大幼崽。其中一只小熊总是在好奇地探索。看到冰上的每一根旗杆、每一件器材，它都要跑过去看个究竟，所以总是落在后面。熊妈妈显然很不耐烦地回过头去，催促孩子快些跟上。于是那只小熊在妈妈身后很快地小跑起来。另一只小熊则一直乖乖地跟在母熊身边。看来这两只小熊各有各的性格。

三只熊继续沿着左舷绕着船走，直到一条裂隙阻住它们的去路。它们找了好一阵可以通过裂隙的路。熊妈妈爬上那里的冰

---

① 《告别的时刻》(Time to Say Goodbye)，英文歌曲。——译者注

块，想看得远一点。它们显然不太想涉水过去！终于，熊妈妈找到了一条比较好走的路。它指挥着孩子们安全地通过了裂隙，没有沾湿脚掌。它们继续绕着船走。那头好奇的小熊把路边所有的设备都检视了一遍。然后这三只熊最终消失在右舷前方的黑暗中。后来我们再也没有见过它们。

第二天早上，"海洋城"的情况越来越危险了。观测帐篷里出现了一道新的裂痕，这主要是因为帐篷里开凿了用于下放声呐的冰洞。于是我们决定让"海洋城"撤离。要把帐篷从坚硬的雪地里拔出来，还要从冰上拆除昂贵的仪器设备是一个费力的工作，因此撤离工作一直持续到晚上。帐篷的基底是用一块块可拼接的空心塑料块组成的平台，能够浮在海上。最终，我们把帐篷连同它的底座一起运走了。我们用履带车"阿尔戈"把它们运到了轮船边的安全后勤区。"海洋城"就这样成为了历史。

现在气氛有些沉重。耗费几个星期和大量劳力搭建起来的科考营地受到了严重的损害。未来晦暗不明。

※　※　※　※　※

冰上安全

在这样的科考中，每天都要应对意料之外的状况，所以必须时时调整计划，甚至将原有计划全盘推翻——正如我们刚刚经历的一样。每一天，每个小时都必须迅速做出决定，同时一定要考虑到安全问题。安全第一。

这往往需要审慎的权衡。我们之所以来到这里，是

144

为了尽可能把科研做好，把工作做得全面，但是面对种种困难，比如黑暗，寒冷，北极熊，不断运动的不稳定冰面、冰裂隙以及冰脊的形成，只有每时每刻确保所有科考队员的安全才能做好科研。同时，我们还要开展为之筹备数年的研究内容极多、研究范围极广的科研计划。

每个组下到冰面上时要携带哪些装备，都是有规定的。冰上作业时要穿专门的极地工作服。这种服装不仅能够保暖，还能增强浮力。如果穿着它从冰裂隙不慎掉入水中，人就能像木瓶塞一样在水面上浮起来，从而很大程度上降低了危险。救生绳也能起到类似的作用。这是一种便于抛掷的、能够浮在水面上的绳子，一般装在袋子里，袋子挂在每个人腰部的卡宾枪上，方便随时取用。如果遇到有人掉入冰裂隙的状况，救生绳是开展紧急救援的宝贵工具。另外每名科考队员的胸袋里都带了一把触手可及的金属制小冰镐，用于落水后的自救。所有人出发前都接受过相关训练。因为在紧急情况下，人的手臂泡在极寒的北冰洋海水里几分钟后就会麻木僵硬，无法活动。

凡是离开营地主观测站的小队，都要在行囊里带上无线电设备，以便他们需要救援时，我们能找到他们。其中必带的有卫星电话及其备用电池。它能确定科考队员在全球定位系统上的位置并将它传回舰桥，还能发送信息。另外还必须带上一种数码信号灯，一旦被激活，它就会出现在舰桥的雷达屏幕上，还会发出刺耳的警报声，从而让船上的人能够精准确定队员的位置。

科考小队去的地方离船越远，随身携带的装备就要越齐全。如果行程在 3 海里以内，也就是大约 5.5 千米以内，队员的应急背包里除了急救包还会放换洗衣服和露营袋。

如果行程还要更远，就要用到大号的应急包了。比如我们要乘直升机去检查和调试浮标阵列中的某个冰站时——那里距离安全的"极地之星"号最远可达 50 千米，远远超出了无线电设备的有效范围。直升机会在执行任务期间返回船上，这时科考小队只能全靠自己。他们可以通过卫星电话与舰桥保持联系，并且须在固定的时间点报告实时情况；假如他们没有按照固定的时间点与舰桥联系，救援队就会出动。针对科考小队可能无法按时返回的情况——如果天气骤变或者直升机出了故障——应急包里放有北极野外生存所需的一切物资：从帐篷、睡袋、折叠铲到打火机、食物、烧饮用水用的炉子和急救设备，足够支撑几天。

北极圈从不宽恕任何疏忽。在海冰中保持方向感并不容易。浓厚的海雾可以在几分钟内升起，四周基本没有地标，通常也没有景物的对比。冬季一片漆黑，夏季则有白化天气的威胁。出现白化天气时，白色的天与白色的冰融为一体，辨认不出任何物体的轮廓。也不能靠自己的足迹辨别方向——脚印很快就会被风吹雪抹除。风吹雪会阻挡视线，甚至使人在冰上完全丧失方向感。

北极圈中的行路人必须学会从冰中获取信息，才能更加安全地在冰上活动。在北极生活一段时间以后，科考队员就能辨认出冰面上细微的变化，从而能够看出藏在雪下的缝隙或者雪堆覆盖的深渊。在这些地方一旦失足，人就会迅速下陷，很难出来。在不熟悉的冰面上行

147

科普
小贴士

与外部世界的联系

今天的人对在世界上任何角落都享有高质量的通讯已经习以为常——即使在亚马逊雨林最偏僻的深处，也可以进行高清直播。然而北极点和南极点的周围，是最后一小片与包罗全世界的电信网络相隔绝之地。远程通讯网络由所谓的地球同步卫星构成，它们处于地球上方的固定位置，而且因为轨道机械学原理，它们最高只能位于赤道上方 36000 千米处。从这个高度，它们发出的无线电波几乎可以覆盖整个地球——北极和南极腹地除外。在南北极点附近，卫星仅高于地平线一点点，或者甚至在地平线下方一点点的位置。因此这两片区域的电信通讯很不成熟，必须依赖由十几颗卫星组成的网络。这些卫星的轨道位于地球上方仅几千千米处，其中几枚还会定期飞过地极上空。极点附近的人可以根据这些卫星的分布状况发射无线电波，收到电波的卫星会把信号转发给其它卫星，直到信号被送达位于人口密度较大区域的地面接收站。

正是因为有了沿着极地轨道运行的卫星构成的网络，所以在极地可以拨打电话，不过通话质量很一般，而且通讯延迟很长。另外在极地还能以特别缓慢的速度发送小型数据包。随着卫星布局的改变，通话常常中断，而且数据速率远远不够传送视频——所以不能使用 Skype 之类的视频聊天软件。用 WhatsApp 发送短信息倒是勉强可以，不过通常是信息几小时后才能被正确发出。很多科考队员就是以这种方式与家人通信的。科考中允许发送图片，但是没有发图片的条件。

MOSAiC 计划期间动用了两颗绕地球低空飞行的开普勒卫星。它们会定期飞过地上空。在短暂的可通信时间里，可以用一种装有抛物面镜，能追踪卫星空中轨迹的特殊天线系统，向卫星发送较大的数据包。这些数据包会被储存在卫星上，之后卫星飞过接收站时再把它们发往地面。

走时，一定要用金属杆在前方探路。

除此之外，纵使有各种安全防护措施，如果不知道遇险的位置，救援也无法展开。所以一起在冰上行动的同伴不仅是同事，还是潜在的救命恩人。掉进冰裂隙，同伴可以第一时间扔下救生绳；脸上出现冻伤迹象而不自知，同伴可以及时提醒。

与南森的时代一样：直至今日，相互信任、相互依靠依然是安全中最重要的因素。

※　※　※　※　※

2019 年 11 月 22 日　第 64 天

艰难的一天过去后，是新的艰难的一天，然后又是艰难的一天。科考行动是一场马拉松。今天做不成的事，也许明天就成了。

早上 8 点半准点，后勤组的汉斯·霍诺尔德通过无线电广播向大家问好。冰上所有无线电设备里都传出他那带着巴伐利亚口音的嗓音。汉斯的晨间广播已经成长为一档优秀的广播节目——"北极之声"。这绝对是世界上最靠北的广播站！他的每次广播都有新内容，让人打起精神开始新的一天。今天他放了"滚石"的歌。短短的电台节目却能给人好心情和新能量。在处境艰难、士气低落的时候，这样的小细节如同黄金一样珍贵。汉斯善于体察情绪，又能够鼓励大家振作起来。现在我们非常需要这一点。

虽说科考营地受损意味着我们几周来的工作成果付诸东流，

但总是为此耿耿于怀也于事无补。

昨天我们就开始了重建工作，每个人都干劲十足。昨天气象组用应急模式进行了气象观测。他们用的电来自临时运来的发电机。遥感营地安全了，那里冰上的防护帐篷被拆除并转移了，一些昂贵的仪器被搬运到更安全的区域。我们详细地盘点了一下：几乎没有遗失什么东西，也没有什么东西被埋在几吨重的交叠的冰块堆下面。

遥感营地和"气象城"之间的那段轴线原本是一片完好无损的区域，昨天那里也出现了一道裂隙，而且越来越宽。一个小队前去拆除了轴线沿线的电缆，将它们牵引到"气象城"一侧。

我们决定先观察一下冰面的运动，明天再开始重新规划科考营地的布局。不过今天我们已经开始在旧址不远处，较为安全的冰面上重建"海洋城"。从轮船出发，步行就能到达"海洋城"的新址。当然，骑雪地摩托也可以。

下午我们去探查远处生物组的"黑暗区"。那里远离"极地之星"号的亮光。生物学家们在此处研究对光线敏感的微生物。我们管这片区域叫"魔多"，这是《指环王》里主人公佛罗多（Frodo）的旅途目的地，那里危机四伏，处于永久的黑暗中。我们到达以后，大大地松了口气：一切完好无损，只有去的路上有一道横贯的裂隙。我们用红旗把它标记出来。骑雪地摩托就能越过那条裂隙。不过如果没有看见它，雪地摩托的雪橇板就可能被卡在里面。在这里，如果行驶速度太快，通过裂隙的角度不对或者被挂住，就会摔下来，其后果可能是受重伤。

"黑暗区"之后，有一片广阔的由新冰构成的冰原。它覆盖

住了一道新近形成的水道。这片冰原会成为接下来科考中最宝贵的冰原之一。在今年剩下的日子里，甚至直到明年夏天，我们得以在这里深入研究新冰冰面。我们正好在这里目睹了冰的诞生——这对于科研是一大幸事！

冰上作业时，整个世界缩小为一个光圈的大小。黑暗中头上的头灯和无尽的广远造成了这种效果。

　　前方黑暗中隐约可见美轮美奂的"冰雕"。经过前几天的推挤以后，它们又在极夜里一动不动了。"极地之星"号在非常遥远的地方，成了地平线上的一个小点。头灯微不足道的光笼罩着我们，在无穷无尽的寥廓黑夜里，使人觉得自己如此渺小。

2019 年 11 月 26 日　第 68 天　　　　　　　　149

　　今天，遥感营地搬到了新地址。"ROV 城"的重建也完成了，与其他观测站的距离比之前近了一些。科考营地逐渐变得紧凑起来。各个观测站被运动的浮冰推得相距很远之后，防熊工作的难度也增加了。现在各个观测站都接上了新的电路。布设好新电路

科普小贴士

联合国气候变化大会在做什么？

几年以前，气候变化方才开始成为公众关注的热点——然而在此之前，它已是科学界为人熟知的话题。早在 1979 年，联合国就召开了第一届气候变化大会。自 1992 年起，世界各国及非政府组织定期会晤，商讨共同战略，以应对人类行为导致的气候变化。五年之后，《京都议定书》在日本通过，首次确立了统一的、具有约束力的温室气体减排目标。随后的《巴黎协定》要求联合国成员国将与前工业化时代相比的全球气温升幅限制在 2 摄氏度以内。然而就各国制订的计划看来，该目标尚无法实现。而且即便气温升幅不超过 2 摄氏度，地球依旧面临着不可逆的后果。

以后，那些使用发电机发电以进行应急测量的观测站又恢复了正常的测量工作。这一切都会好起来的！

下午，我们进行了冰上救援演习。出发之前，所有科考队员都接受过相关培训。培训内容有：如何在船上灭火；如何救援掉入冰裂隙的人；如何借助佩戴在胸前的应急呼吸器逃出坠毁海中的直升机。今天我们演练的是发生冰上事故后的处理，这需要各方面协作。舰桥负责指挥；救援小组在冰上展开急救并将伤者送回"极地之星"号上的医院；与此同时，医生要做好接诊的准备。演习非常顺利，警报响起 35 分钟后，扮演伤者的演员就已经躺在手术台上了。

今晚浮冰也因为受到了剧烈的挤压而颤动。轮船摇来晃去。

"气球小镇"和"海洋城"附近出现了一条很高的冰脊，那里原本是我们穿越剪切带的通道。我们决定要探索出一条新的穿越破碎区域的通道来，它须离船更近。

2019 年 11 月 27 日　第 69 天

今天，俄罗斯破冰船"德拉尼岑船长"号从特罗姆瑟出发。本次科考第二航段的科考队员和海员们已经在特罗姆瑟港上船了。他们要穿过重重浮冰到达我们这里，还需要几周的时间。12 月中旬以后，他们会和我们轮换，然后开启第二航段。现在船上有一部分人会继续参加第二航段，还有一部分人将参加之后的航段，也就是说会再次回到这里。我计划 3 月中旬回到船上，然后在船上一直待到科考结束。离开之前，我会把自己在船上的工作当面转交给两位经验丰富的同事克里斯蒂安·哈斯（Christian Haas）和托斯腾·坎佐夫（Torsten Kanzow）。我不在的数周内，由他们领导科考工作。科考还在准备阶段时，我就拜托他们二位接受这个责任重大的任务，他们都当即答应了。不过后来 3 月份 MOSAiC 计划陷入困境时，托斯腾·坎佐夫待在船上的时间延长了不少。

几天以前，我就和船长一道为"德拉尼岑船长"号的到来探路。我们决定实行这一套筹划已久的方案：让"德拉尼岑船长"号从"极地之星"号后方左舷方向靠近，也就是说从我们的正北方来，那正是我们来时的方向。"德拉尼岑船长"号停靠后，它的船头应该在我们船尾的左舷一侧附近。这个位置最方便我们用船上的起重机交换成吨的物资。人员交换则在冰上的后勤区进行。然后"德拉尼岑船长"号沿着它来时的路线返航——这艘船圆钝的外形使得它即使在后退中也能高效地破冰。这个计划很好，对于我们的浮冰和科考营地而言，它造成的损害是最小的。

然而当前"德拉尼岑船长"号却延误了。它才离开特罗姆瑟港几个小时，就遭遇了巴伦支海里的猛烈风暴，不得不前往峡湾寻求庇护，暂时无法离开。为了执行任务，"德拉尼岑船长"号在船头装上了冷藏集装箱。这导致它对大浪的抵抗力减弱，而在开阔的海域，大浪又是无法避免的。现在它不得不在峡湾滞留几天。

152 2019 年 11 月 28 日　第 70 天

我的生日！一大早我就拆开了家人们在家时为我准备好的生日礼物。这些礼物中还有传统的家庭自制圣诞果脯蛋糕。这样在即将到来的圣诞季里，我就不会在北极深处苦苦思念它的甜蜜滋味了。然后我给自己放了个假，在夜色里做了一次比较远的滑雪远足。两个半小时里，我任由自己沉浸在这个冰封的黑暗世界的景色与特殊的光影氛围中。

这个庆祝生日的地方真是与众不同。晚上我们在船旁冰上的户外"冰酒吧"里喝热红酒和格罗格酒①庆祝我的生日。在零下30摄氏度的气温下，我们喝热红酒都喝得很快，不然它就被冻成冰了。冰上喝酒的基本规律是：第一口喝热酒，第二口喝凉酒，第三口就喝冰块了。但这并不妨碍派对的气氛。星空之下，冰雪之中的生日派对美极了。

---

① 格罗格酒，一种加入沸水的朗姆酒饮料。——译者注

2019 年 11 月 30 日 第 72 天

从昨天起，几乎所有观测站都重新接入了电路。科考营地又恢复了完整！有时我们还是会听见冰面发出"隆隆"声，但没有比较大的位移了。气温在零下 25 摄氏度到零下 30 摄氏度之间。在这样的低温下，所有冰裂隙很快又迅速冻结，踩踏上去也没有问题。一段比较稳定的时期开始了吗？

2019 年 12 月 1 日 第 73 天

今天是第一个基督降临节①！船员们将全船装饰一新，随处都是飘飘荡荡、闪闪发亮的小玩意儿。终于可以补上因为北极熊、风暴和紧迫的工作而一推再推的"羽衣甘蓝远足"了！我们背上内置音箱的背包，带上由领队之一的马塞尔·尼克劳斯用冰做成的精美水杯，在我们的浮冰上穿行，经过了几个观测站，在每处都稍作停留。到了"气象城"，我们一时兴起，跳起舞来。依照传统，远足之后要吃羽衣甘蓝。我们的厨师好不容易从库存里找到了一些，把它和皱叶甘蓝混在一起烹饪，这样每个人才够吃。

晚上，我与船长一起喝威士忌，抽雪茄，结束了这美好的一天。桌上那一小盒品质极佳的雪茄还是启航时总是非常照顾我们的 AWI 所长安缇耶·波提乌斯送给我们的。我想她一定会乐意和我们共享这一刻。

153

---

① 圣诞节之前的四个星期日分别为四个基督降临节。——译者注

154　　2019 年 12 月 2 日　第 74 天

科考队员们在冰上作业时常常满脸冰霜，让人难以辨认。睫毛结冰后，冻在一起，变得很重。若气温比图中更低时，不佩戴覆盖全脸的面罩和护目镜就不能在户外活动。

又是勘探的一天：我同我们的车辆专家托马斯·施特尔本茨一道，远远驶出了主观测站的边界。我们想找一个飞机的降落点。我们想为 DHC-6 双水獭小型飞机建造一条跑道。这样一旦遇到紧急情况，撤离时又多了一个选择——这是个价值难以估量的安全要素。之前因为冰层不够厚，承受不住飞机降落，所以根本不可能修跑道。不过现在可以了。

我们找到了一块平旷的冰原，然后沿着未来可能修建跑道的一条线路，用钻头测量冰层厚度。我们用旗帜标记出了接近一千米长的跑道，之后还可能延长。在大约有600 米长的区域内，冰层厚度已经超过一米，对于双水獭飞机来说已经足够了。这里的冰面非常平整，几乎不需要怎么加工，飞机就可以在上面降落。如果不得不撤退，我们也能够迅速用灯标标记出跑道。

这给了我们很大的安全保障。毕竟我们早已经漂出了俄罗斯远程直升机的航行范围。科考开始前几个月，我们在几个最靠北的小岛上——它们位于西伯利亚海岸的北方——为俄罗斯远程直升机储备了一些燃料。一旦在科考的初始航段需要撤离，就可以出动直升机。而现在，利用两架紧急情况下可以相互支援的直升机撤离的计划早已作罢了。即便飞机使用了我们在岛上的燃料储备，我们还是早就漂出了它们的航行范围。

外面现在美极了，我们已经远离轮船，处在完全的黑暗中。

2019 年 12 月 3 日　第 75 天

一大早就传来坏消息：冰面又裂开了，而且裂隙很大，骑着雪地摩托也无法越过。我们又只能步行前往"ROV 城"、遥感营地和"气象城"了，同时一路上还得搭便桥。桥下的冰面不停地相互推挤，"吱嘎"作响。

早上风变大了，大约 9 点钟时开始下雪。风力继续增强，风吹雪开始了。10 点 15 分，我做出决定，人员从与主冰站分离的几个观测站——"ROV 城"、遥感营地和"气象城"——撤离。仅一刻钟过后，我又命令"海洋城"和"气球小镇"的人员、钓鱼的人员，还有正在修理防熊绊网的人员回船。11 点钟，大家都回到了船上，但还差一个！我们给每个人拨打无线电通话，终于在船上找到了那名同事——原来他回来的时候没有在外出登记簿上划掉自己的名字。现在我们可以把舷梯收起来了。

下午，冰裂隙向"ROV 城"方向大幅推进，一座新生的冰山沿着现有的裂隙开始隆起，同时将冰层向侧边挤压。大块冰迅

155

12月3日，我们正在抢救因为一道巨大冰脊骤然耸起而陷于危险之中的设备。

速堆叠至数米高，掩埋了停在那里充当冰裂隙之上便桥的南森雪橇。电缆和一个装有重要设备的箱子也陷入了那片冰堆之中。我立即再次放下舷梯，并带着一支小队赶到事发地。冰块堆成的小山一旦稍微停止运动，我们就赶忙进入其中，抢救还能够救得出来的东西。我们爬上横七竖八的冰堆，成功地将那只没在大冰块里的箱子和半埋在冰中的南森雪橇从冰脊中拖出来，并带到了安全的地方。然而线缆陷在几吨重的冰下，根本不可能挖出来。这种情况会持续好几周。我们在冰脊两侧加上了足够长的线缆，确保就算冰面会继续推挤，线缆也足够长，不会被崩断。

因为有风吹雪，我们在冰脊上作业时经常连几米以内的地方都看不见。冰晶雪花在我们身边飞旋，像子弹一样打进眼睛里。没有滑雪眼镜根本不行。风把雪刮进连衣帽的毛皮领兜里，埋住了我们的脸颊。风暴在我们身边呼啸。在雪片狂舞的旋风里，即使是近在咫尺的冰块，也只能影影绰绰地看个大概。脚底下的冰面在不停地运动。我们终于还是成功地完成了任务，回到了船上。

2019 年 12 月 4 日　第 76 天

风暴仍在继续。我们只在冰上工作了很短的时间，之后因为风雪，视线变得太差了。不过至少冰面又稳定了下来，没有推挤，也没有形成水道。

我们在船上接到消息：今早 5 点，"德拉尼岑船长"号已离开峡湾，向我们驶来。我们什么时候能够再次见到家园呢？也许圣诞节就能回家了？

第六章　冰上圣诞

2019 年 12 月 5 日　第 77 天

今天"德拉尼岑船长"号已到达斯匹次卑尔根岛东部的冰川。在厚度为 40 ～ 60 厘米的幼年冰中，它的航速为 8 ～ 9 节。速度很快!

我们这里仍然有风暴，只能减少冰上作业的时间。今天我将在线上参加在马德里举办的第 25 届联合国气候变化大会。通过网络，我得以在地球的北方尽头参加这场举世瞩目的重要活动。联合国气候公约签约国将在这里商讨，如何实现气候目标。其中最重要的当属减少温室气体排放，遏制全球变暖。

今年大会的口号是"该行动了"，是该行动起来了。我在大会上也清楚地说明了这一点。我所做的演讲——"气候变化的震中"的结尾是:

"我们现在正被万里冰雪与刻骨严寒封锁。在这里，气候变化似乎并不明显。但是它的确发生在地球上的每一个角落。与125年前弗里乔夫·南森进行类似的科考时相比，北极冰层只有当时的一半厚。我们测量到的气温也比南森观测到的高出 $5 \sim 10$ 度。我们来到这里，是为了研究这些剧烈的变化会如何影响全球气候系统，也是为了了解这些变化对于北极气候的稳定性来说意味着什么。

我们的使命是，为这项至关重要、迫在眉睫、影响深远的社会决策创造一个坚实的科学基础。

而在座诸位的任务是，承认这些确凿无疑的科学证据，并在阻止气候变化的措施上达成一致。

如果我们不能大幅减少温室气体排放，如果直到本世纪（21世纪）中叶我们还不能实现温室气体'零排放'，那么北极不可逆的气候变化将会对世界其他地区造成巨大的影响。如果我们无法实现这一目标，我们将是目睹北冰洋全年有冰的最后一代人。如果我们没能做到节能减排，我们的后代见到的北冰洋将截然不同。今日尚有永久冰川之处，明天将是一片汪洋。人们划着一条小船就可以抵达北极点。北极熊将灭绝。温暖无冰的北极会给整个北半球带来越来越多的极端天气。

在我们地球上，每个国家都有行动自主权。它们面临着来自许多方面的巨大压力。气候变化虽然只是重重挑战中的一个，但却是最紧迫的挑战之一。

在民主国家，对于所有能够参与到未来决策中的人们而言，巨大的责任与美妙的自由同在。这份责任，就是要保障子孙后代

159

12月初的极夜里，"极地之星"号被牢牢封冻在浮冰里，并随之漂向北极点。

因为空气中的光折射，地平线上的月亮被扭曲成怪异的形状，照在黑夜中仅隐约可见的冰面上。

的利益。我们的社会必须意识到，今日的决定对未来会有如何深远的影响，也必须意识到自己做出决定时肩上所担负的责任。我们科学家的使命就是提供科学事实，使人们做出决定时能够完全认识到相应的后果。

　　而在座的世界各国的领导人们，你们的义务就是要在此时此刻做出正确的决定，在采取适当的气候保护措施上达成一致。为了地球的明天。"

2019 年 12 月 6 日　第 78 天 161

　　圣尼古拉节①！餐桌上，船上每个人都得到了一个小礼品袋，里面装着圣诞老人形状的巧克力和巧克力球。大家都很高兴——几周以前，船上小卖部里的巧克力就告罄了。

　　今天风力逐渐减弱，晚上风几乎停了。一轮熊熊燃烧的橘色凸月沿着地平线滑行了好几个小时。在北极点附近，太阳和月亮总是沿几乎与地平线平行的轨迹绕着我们运动。不过太阳在冬季沉入地平线之下，是看不见的。月亮的升落也并不依照日夜的交替，而是按照月相。凸月以后，就像现在，月亮螺旋升至地平线上，我们才得以见到它。它盘旋着越升越高，直到满月，然后再渐渐下落，最后沉入地平线以下，消失不见。

　　因为大气折射的缘故，今天地平线处的橙色凸月呈现出扭曲的古怪形状。它时而散成三条橙色的直线，随后又变得好像氢弹爆炸后腾起的灼灼蘑菇云——真是一场长达数小时的如梦似幻的表演。 162

　　我们终于又有了绝佳的科研条件。我们急于搜集全面的数

---

① 圣尼古拉节，欧洲传统节日，在每年的 12 月 6 日。人们往往在这一天互赠糖果、巧克力或其它小礼物。——译者注

冰封中的"极地之星"号。

据，所以冰上一天 24 小时都有人作业。夜里也有各种各样的测量计划。就连我们的系留气球"佩奇小姐"也升了起来，整夜都待在空中。

晚上，我们收到了来自"德拉尼岑船长"号的信息：他们已到达位于巴伦支海北界的法兰士约瑟夫地群岛的东部，距离我们还有 420 海里。这艘俄罗斯破冰船将绕过北部较厚的冰层，向东航行。

在卫星地图上可以看到，有一条明显的水道从北地群岛最北端的北极角一直向北延伸至我们目前所处的位置。"德拉尼岑船长"号正往这个方向航行。如果它能够顺利到达并进入这条水道，就可能早于预计时间抵达目的地。

163　　之前我发信息跟家人们说，回家过圣诞的可能性微乎其微。现在我的小儿子，即将满九岁的菲利普（Philipp）最大的圣诞愿望很有可能要实现了。他的愿望就是：爸爸！

2019 年 12 月 7 日　第 79 天

冰层仍然保持稳定，已经有几天的时间了。所有观测站的电缆与数据线缆都稳定运行，道路也保持通畅。所有人都开足马力进行观测。我们准备重建"气象城"里倒下的气象桅杆。

"德拉尼岑船长"号于晚上到达北极角，现在距离我们还有350 海里，也就是约 650 千米。我计算了一下回家的日子，考虑到了航线、海冰状况和船与船之间加装燃料、转运物资所需的时间，最后发现即使一切条件利好、冰层较薄，依然无法确保可以回家过圣诞节。算来算去，我谨慎地订了一张圣诞节前夜从特罗姆瑟飞柏林的机票。一旦不行，机票可以改签，但绝不能最后因为订不到机票而功亏一篑！

2019 年 12 月 8 日　第 80 天

气象桅杆又竖起来了！不过它只有 23 米高，不像之前高达30 米。它的有些部件实在找不到了，所以没法完全重建。不过这并不影响观测数据的价值。

今天"极地之星"号庆祝了它的第 37 个生日！我们在船长室喝了雪莉酒①，共同举杯祝福这位"老太太"的生日——也祝福本次科考的第一航段圆满完成。

---

① 雪莉酒，葡萄酒的一种。——译者注

2019年12月9日　第81天

今天是大扫除日。实验室、楼梯间、仓库，到处都在清扫整理。我们还是想留给下一批科考队员一个整洁的环境。

除此之外，我们还准备迎接"德拉尼岑船长"号的到来。进入浮冰时的航路沿途插上了旗帜，用定位浮标做了标记。我们必须指引这艘大船精准地停靠在我们旁边，避免对浮冰造成损害——这是一项高难度的操作。不过现在万事俱备，可以放心让"德拉尼岑船长"号来了。

另外，我们终于这几天都在向正北方向漂流了，因为之前的洋流都没有载着我们向正北航行。

为了确定最适合漂流的区域，我们研究浮冰流长达数年之久，做了不计其数的相关研究，根据统计数据计算出了各种可能的情况。然而我们在这块浮冰上安顿下来以后，起先总是刮东风，因此浮冰流将我们带向西边，而没有使得我们向北接近极点。

漂流的位置数据显示，漂流路线中有很多随机的偏移、转折和绕圈，与预期相符。穿极流并不是沿着明确的运动方向穿越北冰洋，其中有很多杂乱无序的洋流。然而长期看来，它还是会渐渐将浮冰从西伯利亚附近的北冰洋推移至极点附近，然后再到大西洋。然而在这之间，洋流可能流向任意方向，因此每天的流向都不尽相同。我们常常沿着风吹的方向，规律地绕着小圈前进。冰层的挤压和开裂也往往遵循这种绕圈运动的周期。南森也观察到了这种周期，并且猜测是潮汐使得海冰如此运动。今天我们可以通过在水柱里的测量解释这种现象。我们也可以把这种运动与海冰—海洋系统的内部振荡区分开来。在该纬度上，这种内部振荡和潮汐有着相似的周期。然而通过测量水柱得出的结果证实了南森的假想，是月亮与太阳的运动使得我们总是绕着小圈前进。

2019 年 12 月 10 日　第 82 天

我们在营地里发现了新鲜的北极熊足迹，然后仔细地检查了附近的环境，但是没有找到北极熊。它可能已经离开了。

现在"德拉尼岑船长"号只能缓慢前进，不得不同厚重的海冰搏斗。尽管如此，也许她还是能在明天抵达。但要到达这里，她必须确定穿过浮标阵列的航线。我们在距主冰站周围一定范围内的冰上建立了浮标阵列。"德拉尼岑船长"号可不能破坏这些外围冰站。但是如果用卫星联系的话，我们只能每隔几个小时才得到其中一些冰站的位置信息。在间隔的时间里，它们又继续漂流而改变了位置，所以几小时前的数据意义不大，因此我编写了一个程序，它可以根据"极地之星"号的漂流数据修正各个冰站的位置数据。此外我们还规划出一条根据定向原则通往"极地之星"号的航线。这样"德拉尼岑船长"号就一定可以确定穿过阵列时的航线了。

晚上我开始收拾行李。本次科考的第一航段接近尾声。我们为此筹备了那么久。我还能清楚地回忆起开始提出科考设想的那一刻。正是从那一刻开始，这次科考在很长一段时间里成为了我生活的主要内容。

※　※　※　※　※

梦想成真

我正端着一杯咖啡，在一座火山的山坡上欣赏南半球亚热带的蔚蓝大海，这时手机响起。我正在留尼汪（La Réunion）岛，一座地处偏远、风景如画的印度洋小岛上。岛屿四周环绕着缤纷的珊瑚礁，一年四季气候温暖。2015年夏季，一场旨在促进欧盟内部科研合作的会议在这片法国的海外领地上举行。我在科研工作中一向重视并亲身践行国际合作，多次成功组建了庞大的多国科研团队，因此受邀在此次大会上发言。

电话里克劳斯·迪特洛夫问我是否愿意担任那个计划的领导工作。多年以来，他一直在筹划并坚持推进这个计划的实施，同时也总是和我说起它。这个计划，就是MOSAiC。

克劳斯还没来得及说完这个问句，我心中的答案就已经定了。MOSAiC的构想里蕴藏着巨大的能量。这种能量会给每一位极地科学家插上精神的翅膀。我知道自己一定会说"好"。虽然如此，我还是请他给我24小时的考虑时间。我素来行事理性，这次却由不得感情先于头脑做出了决定。二十四小时不到，我就发出邮件，做了肯定的答复。

我们同科罗拉多大学博尔德分校的大气物理学家马修·舒佩以及美国国家海洋和大气管理局（NOAA）一起推进科考计划的实施。阿尔弗雷德·魏格纳研究所的副所长乌维·尼克斯多夫已经事先计算过：即便我们只是随着浮冰流漂流，每天也需要15吨燃料，用以供电供暖，确保轮船基本安全运行。"极地之星"号的燃油装载量为3000吨，如果没有后续补给就无法进行为期一年的科考。不过这个储油量可以支撑半年的时间，足以让轮船撑过冬季和早春的航段——那时北冰洋的海冰太厚，没有破冰船可以深入我们所处的位置。但是在这个航段的前后，我们都要依靠后续补给。

这项科考行动是可行的，但这还不够。我们需要更多的破冰船还有国际伙伴。我们必须在世界范围内唤起人们对这项计划的热情，争取他们的支持，然后和在极地研究上领先的各个国家还有他们的破冰船一起进行这场先驱式的冒险。

我们还需要经济支持。大略计算一下就能够知道，几千万欧元也是不够的。这项科考的预算至少是上亿欧元。世界上不可能有任何一个国家的科研机构能单独筹措这笔巨款，这不太现实。可行的办法是，邀请全球的科研机构和科学家参加科考，说服多个国家与可能的资助方出资。于是我开始马不停蹄地拜访有可能的后勤合作伙伴、科研合作伙伴与资助方。这段时间里，我很少与家人团聚。

不过这是值得的。不论在哪里介绍我们的计划，听众都对此兴趣浓厚。往往我还没有开口，对方就已经明白人类有多么迫切地需要相关研究。我们终于开辟了一条获取急需的北冰洋数据的道路——那就是竭尽全力进行国际合作。各国之间的协作互助成为了MOSAiC计划的核心要素。最终，参加此次科考行动的队员分别来自37个国家。

令我倍感欣慰的是，潜在伙伴国中对立的地缘政治

167

利益并没有影响科学研究。所有人都有着共同的目标，同样迫切希望更好地了解北极气候系统。俄罗斯加入了，美国加入了，中国加入了。这是一个动量不断增长的运动。它从一个梦想缓慢但是坚定地成长为一个具体的计划。

我们得到了阿尔弗雷德·魏格纳研究所前任所长卡琳·洛赫特（Karin Lochte）的鼎力支持与亲身帮助。正是因为她对该计划大力支持，我们才能够赢得合作伙伴不可或缺的信任。科考计划的实现很大程度上有赖于卡琳·洛赫特推进MOSAiC计划时平静而坚定的态度。后来其他伙伴国家开始主动提出想参加这次科考，并且愿意为此提供人力和财力支持。虽然我以前领导过预算很高的科考，但预算这么高的我还是头一回遇见。

一个如此大规模而且复杂的计划需要与之相配的管理组织。不计其数的方方面面都需要专人管理。计划必须落实到每个细节，最后合为整体时必须一切协调，而且还要确保不超出预算。这项活动有来自20个国家的超过80家科研机构参加，堪称史无前例。而且因为科研进程由难以预料的大自然左右，所以有很多事情无法计划。这些年来，我们完成了上述所有工作。

2019年9月，距离计划中的启航时间还有一周，特罗姆瑟港上已经展开了大规模的物流运输。一个小组已经在此工作了接近一周，运送装有科考物资的几十个集装箱。一开始，许多科研队伍将他们的所有物资运往我们在特罗姆瑟的代理处。可是物资不能直接装船，否则永远装不下。另外这些物资还需要特定的储存条件：有的集装箱需要温暖，有的需要冷藏，有的需要特定温度，有的需要充电。另外还有大量装有实验器材和测量仪器的集装箱，它们对于放置位置各有特殊的要求：远程勘测仪器需要放在露天的、视线好的地方；大气化学实验室的器材需要尽可能无污染的新鲜空气，诸如此类。什么东西放在哪里，如何装运物资，我们在准备阶段为此做了精密的布置安排。现在这些计划都变成了现实。

然而还是出现了一大堆并没有登记在册但因为种种原因必须装载上船的科考物资。往往是所有物资刚刚装好，又来了一个没有登记在册的集装箱。我们的后勤组和"极地之星"号上的货运大副神话般地完成了这项任务——最后把所有东西都装上了船。这艘船从来没有这样满载过。

最后，我们仍然缺少了一些科考中必不可少的重要物品。比如，用于防熊的弹药迟到了；防熊绊网上的闪光火箭被海关截住了——没有闪光火箭就拉不起防熊绊网；更糟糕的还有用于极夜里瞭望北极熊的夜视仪器也滞留在运输途中。问题关键在于，这些物品都是军用设备，没有获得出口许可证。"极地之星"号医院需要的压煮器也没有装上船，因为它还需要进行专门的修理，而修理师正专程赶来，还在路上。如果没有压煮器，就无法给手术刀消毒。

在特罗姆瑟港口的最后几天里，问题与状况接二连三，常常是几分钟就来一个。我们无法确定能否准时出发。不过最终，在我检验清单上的每一项前面都被打了一个绿色的钩。这下，我们就可以准时启航了。

此刻，在北冰洋中的"极地之星"号上，那段忙乱的时光已经相当遥远了。在我的船舱舷窗之外，已经建起了一整座冰上的科研之城。想一想我们能够来到这里，都要感谢那些坚持不懈、不辞辛劳的筹备工作。

※　※　※　※　※

169　**2019 年 12 月 11 日　第 83 天**

早晨，小光点一样的"德拉尼岑船长"号短暂地出现在地平线上！但是我们知道：实际上它离我们还很远，这只是假象。我们在地平线上看见的是"德拉尼岑船长"号在大气中的折射映像，破冰船本身在距此很远的地方。这就好像有人暂时拉开帷幕，让我们得以一瞥未来——"德拉尼岑船长"号从那里出现时的景象。

170

现在船上所有人都翘首期盼它的到来，就像圣诞节时收到礼物前的心情一样。我们既迫不及待，同时又忙着做收尾工作——毕竟在把工作交给下一批科考队员之前，有那么多事情要做！

我首先乘直升机飞往"德拉尼岑船长"号。同我一道的还有货运大副菲利克斯·劳伯（Felix Lauber）。他会留在"德拉尼岑船长"号上，引导它穿过我们布设在主冰站周围的浮标阵列。而"德拉尼岑船长"号上的另一位同事也来到了"极地之星"号上，以替换菲利克斯。

去往"德拉尼岑船长"号的航程有接近 100 千米。在满月下，视野清晰得有些失真。我们下方，冰原在月光下向无穷无尽的远方伸去。在地上我们总是只能看见一小片冰原，而在空中视

10月19日，"极地之星"号上的两架直升机之一参与了抢救被海冰推向远处的"ROV城"。

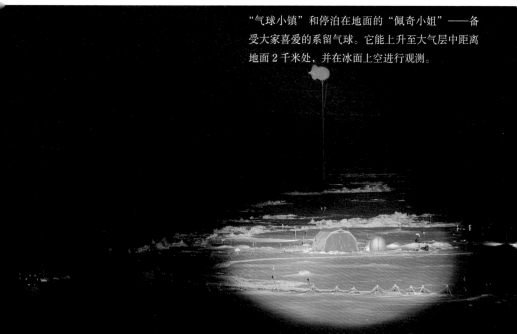

"气球小镇"和停泊在地面的"佩奇小姐"——备受大家喜爱的系留气球。它能上升至大气层中距离地面2千米处，并在冰面上空进行观测。

即使在零下 30 摄氏度的气温下，高强度的工作仍然会很快让人汗流浃背。水蒸气从极地工作服的领口飘出，如果遇上无风的天气，每个人都会迅速被自身产生的白雾笼罩。这种白雾会折射头灯发出的光线，令人目眩。

长达数月的极夜期间，全球最靠北的冰上酒吧让我们在无垠海冰的包围中和北极点附近的孤单里也能拥有独一无二的珍贵瞬间。

汉斯·霍诺尔德（Hans Honold）在一道冰脊上的高处担任防熊队员。在冰上作业的每个小组里都有一个防熊队员。防熊队员由科考队员们轮流担任，每次执勤两到三个小时。

极夜中的"极地之星"号。

风暴将至时的"极地之星"号。

队员们用翻过来的南森雪橇和木架板搭便
桥。有时只有不停地搭建这种临时桥梁,
越过一道道冰裂隙,才能到达各个科考站。

“海洋城”附近，一道 5 米高的冰脊从两小时前平坦的冰面上凭空而起，几乎吞没科考站。科考站被迫转移。

冰上作业时，整个世界缩小为一个光圈的大小。黑暗中头上的头灯和无尽的广远造成了这种效果。

12月3日，我们正在抢救因为一道巨大冰脊骤然耸起而陷于危险之中的设备。

12月初的极夜里，"极地之星"号被牢牢封冻在浮冰里，并随之漂向北极点。

因为空气中的光折射，地平线上的月亮被扭曲成怪异的形状，照在黑夜中仅隐约可见的冰面上。

冰封中的"极地之星"号。

"德拉尼岑船长"号离开"极地之星"号，穿过层层海冰，踏上漫漫归乡路。

科普小贴士

冰上救援

　　北极危险重重。在紧急情况下相互驰援不仅是值得称颂的英勇行为，还是极北之地的生存策略。极地救援行动有时会吸引全世界的关注，但所有人都无法预知这场救援的结果如何——是轰动一时，是人间悲剧，还是获得成功。为搜寻 1845 年失踪的富兰克林探险队，人们开展了一系列搜救行动，从而开启极地航行的新纪元。每一次行动都为找到该探险队的下落提供了一些线索。直到 2014 年和 2016 年，"幽冥"（Erebus）号和"惊恐"（Terror）号探险队船只的遗骸才被发现——距离其失踪已过去了将近 170 年。有时救援人员反而在救援行动中丧生。罗阿尔德·阿蒙森（Roald Amundsen）——抵达南极点第一人，同时也是最早抵达北极点的人之一——在试图营救翁贝托·诺比莱（Umberto Nobile）的途中遇难。曾与阿蒙森一起飞越北极点上空的诺比莱，在两年之后，即 1928 年又试图驾驶"意大利"号飞艇飞越北冰洋，结果在北极上空坠机。这位意大利探险家和一些幸存的机组成员随后获救，而阿蒙森却永远地失踪了——迄今为止既没有找到他驾驶的飞机残骸，也没有找到他本人留下的任何痕迹。即使今天更加先进的技术降低了人员在极地失踪的风险，但科考队员们有时仍然只有依靠外界援助才能从冰雪的围困中脱身。2015 年，20 余名俄罗斯海冰营地科考队员获救——他们在海冰上只待了四个月。从那之后，俄罗斯就彻底放弃了始于 1930 年的漂浮冰站研究计划——海冰变得太薄了。

野就开阔了，人必须直面这个冰洋世界里震慑心魂的浩瀚广袤。在这广纳万物的旷远中，一个光点倏忽一闪，确实如此。这是生命的渺小信号——是"德拉尼岑船长"号。

2019 年 12 月 12 日　第 84 天

"德拉尼岑船长"号一夜间进展甚微。它今天真的能到达吗？于是我们继续安排了一天的冰上作业，进行测量和观测站里的常规操作。也许这真的是第一航段的最后一次冰上作业了。

2019 年 12 月 13 日　第 85 天

"德拉尼岑船长"号在夜里抵达了我们这里！早上接近 8 点钟，让"德拉尼岑船长"号的船头接近我们的船尾的复杂操作开始了。两小时后，这艘船静静地停靠在了我们旁边。这是一次怎样的会和啊！两

"德拉尼岑船长"号离开"极地之星"号，穿过层层海冰，踏上漫漫归乡路。

艘世界顶级的破冰船为了这场里程碑式的科考，在极夜中于一个 171
无名之地相会。随后，为"极地之星"加油的加油管也牵引了过
来，货运行动也逐渐开始了。两船之间要交换一些物资。"极地
之星"号需要的不只是新鲜食物。"德拉尼岑船长"号还带来了
接下来几个月里所需的额外的研究设备。而我们冰上营地里不再
用得着的东西都被运到"德拉尼岑船长"号上，好为新上船的物
资腾出空间。这些行动需要几天时间。

2019 年 12 月 18 日　第 90 天

中午，物资转运工作结束了。我们和下一个航段的同事们一
起，在离开前最后一次用船上的起重机把那台大型的南森采水器
放下水，好让继任者们熟悉这台仪器的复杂操作流程。南森采水
器虽说一直在"极地之星"号上，但是之前从来没有在这种条件
下使用过。所以我们通过构想与实践，摸索出了一套办法，可以
让这台娇贵的机器在离开水面，暴露于寒冷的极地空气里以后仍
然保持温度。通过冰洞将仪器放下水的操作方法也与常规操作方 172
法完全不同——南森采水器不是被吊在悬臂上，沿着左舷放入海
洋中的，而是被吊在船载起重机上。这项练习之后，工作交接就
完成了。

告别的时刻近了。这种感觉很特别。我将暂时卸下船上的职
责，直到 3 月中旬都在陆地上负责本次科考接下来航段的组织工
作。我哪里会知道，一场疫情即将来袭。它会把我们接下来的计
划全盘推翻，甚至将整个科考都逼到失败的边缘。

告别是科考生活的一部分。大家总是会加入新的团队，在

高强度的工作中变得非常紧密,不久之后又互道珍重。经验丰富的科考队员对此已经习以为常。不过这次告别与众不同,我们的团队还会一同踏上返程。我们在北极点附近,在广袤永夜的冰雪荒原里拥抱着与刚刚到达的同事们告别。我们也要同这几个月来的家园——"极地之星"号和灌注了我们全部心血的科考营地告别。为了建成这座科考营地,我们挺过了所有风暴、冰裂隙和冰脊隆起。我们不断重建它,使它保持生机,常常深夜里还在埋头苦干。我们还要与这块浮冰告别。我们在这里经历了那么多,这里已经成为了我们的家园,虽然不是通常意义上的那一种。等到我初春回来的时候,在太阳一直当空的极昼晴日里再次看见这个营地的时候,它又会是什么样子呢?

我们在"极地之星"号近旁的"德拉尼岑船长"号船头上集合,人人都备受感动。"极地之星"号的广播里大声播放着音乐,两艘船相互鸣笛致意。然后"德拉尼岑船长"号向后抽动了一下,我们开始慢慢地向后移动。两艘船的甲板上满是挥舞的手臂,道别声在两船间回荡,接着"极地之星"号渐渐变得越来越小,我们再也听不见她的声响。

173　　"德拉尼岑船长"号的船长娴熟地驾驶着轮船,沿来时的水道后退,尽力将航行对营地周边冰面的损害降到最小。过了一会儿,他指挥船只转向,在海冰中破开了一条水道。我们上路了。

2019 年 12 月 19 日　第 91 天

返程的第一天以坚冰作为开始。厚重的冰脊重重,我们必须一直冲撞。我们正向着回归文明世界的方向行进,不过还有好几周才能抵达。冬季的北冰洋是世界上最偏僻的角落之一。从这里去往生机勃勃的世界所需的时间，绝对比从地球上任何其他地方出发所需的时间长。坚冰拦住了海上的去路，航距对于直升机而言又太长，而在这个季节，又是在极夜，飞机无法在海冰上降落。我们要等待三周才能踏上陆地。就是国际空间站上的宇航员回家也比我们快——如果遇到紧急情况，他们乘坐逃生舱，几个小时内就能回到陆地。

起初，我们还能时不时穿透浓雾望见北方"极地之星"号上的灯光，后来就陷入了一片黑暗。

2019 年 12 月 20 日　第 92 天

我们独自在黑暗中挺进。早上 6 点，我们被困住了。船的前部嵌入了难以破开的厚冰层中，即使开足马力后退也拔不出来。前方一道巨大的冰脊挡住了去路。船头上的仪器显示，这里的冰厚达 8.5 米。最终，这道障碍也在"德拉尼岑船长"号的强劲压迫下退让了，我们又向着家的方向航行了几米——然后又遇到一道巨大的冰脊。

接下来的几天里都是如此，我们只能龟速前进。我们被困在冰里好几回，必须等上几天。等到周围海冰的压力减小，我们方能重获自由。在厚厚的海冰中穿行，这些都是再寻常不过的事。如果海冰压力太强就无法通过。面对大自然在海冰挤压运动时发挥出的威力，与其做无望的斗争，白白耗费长途航行中极其宝贵的燃料，不如静候时机，我想每一个聪明的船长都会做出这样的选择。我曾经就这样在冰里度过了很多天。我给经验相对较少的

174

科考队员们做思想工作，告诉他们这种等待和缓慢前进的循环就是冬季冰上航行的一部分。如果没有这样的心理准备，当轮船困在茫茫北冰洋中，无人前来救援，久久不见进展时，人很容易陷入焦虑。

今天我们收到了"兰斯"（Lance）号发来的呼救。这艘挪威籍的科考船被困在斯匹次卑尔根岛北部的海冰中，无法脱身，询问我们是否能够前去救援。"兰斯"号原本是要去救援两名计划在冬季滑雪穿越北极的探险者。这两人陷入困境，他们的干粮无法支撑他们走到海冰边缘区。"兰斯"号穿过海冰向两人驶去，派出了一支救援队并在他们物资耗尽前的最后一天找到了两人，将他们带回船上。可是现在"兰斯"号上所有人都被困住了，不过好在物资储备尚且充足，船上安全、温暖又稳固。

在极地，人们必须无条件地相互援助。这是在极地旅行者之中长期践行的准则。即便救援会导致我们的回程延长几周，我们还是会立即前往"兰斯"号被困地。可是我们的俄罗斯船长算来算去，发现我们的燃料储备不足以支撑我们航行到那里。它只够让我们自己脱离海冰，而且前提是我们选择法兰士约瑟夫地群岛西边那条直接通往海冰边缘区的路线。就算如此，我们的燃料储备仍然有些捉襟见肘。我多次通过卫星连线与"兰斯"号通电话，向他们说明了我们的情况："德拉尼岑船长"号只有在到达最近的港口并获取燃料补给后才能前往救援。而这需要好几周时间。考虑到冬季渐深时的海冰状况，没人说得准具体需要多长时间。除此之外，"兰斯"号附近又没有其他破冰船，这意味着它必须在那黑暗的囚笼里苦撑。不过到了1月份，有利的风向减弱了那一片海冰的压力。于是在没有任何外力的帮助下，海冰又将自由还给了"兰斯"号。那时我们都还没有到达陆地。

"德拉尼岑船长"号上的日子缓慢而平稳地一天天过去。在冰上营地持续高强度工作的时期过去以后，我们渐渐放松下来。很多人一下子睡了两天两夜。然后健身房和桑拿室里的人逐渐多了起来。我们对这条船也越来越熟悉了。午餐和晚餐时的俄式白菜汤成了每天的固定组成部分。持续的黑暗中，再加上缺少工作的状态，日常作息很容易失去规律。

另外，圣诞节要到了！我的船舱里堆满了大家送给我的圣诞礼物。我在9月份出发前几周就拜托大家为圣诞节提前准备好小礼物。这些礼物的包装都很有创意，用的都是在船上找得到的东西：废旧海图、铝箔和卫生纸——还有人甚至为此专门从家里带来了礼品包装纸。

2019年12月24日　第96天

平安夜。在科考中，圣诞节可能是一个艰难的时刻，最容易勾起愁绪。人在圣诞节时会尤其想念家中的亲人。我们必须做点什么，抵御这种伤怀。圣诞节时，科考中的集体归属感比平日更加重要。要热热闹闹地庆祝一番！即使船上没有什么传统的圣诞节装饰品，我们的团队也会做MOSAiC人最擅长做的事情：因地制宜！

因为我们搭乘的是俄罗斯籍轮船，所以这一天对船员们来说没有什么特殊意义。在东正教国家，人们到1月7日才会开始庆祝圣诞。所以今天船上的饭菜很普通。作为补偿，我们十分

176

优秀的本国后勤组派发了圣诞果脯蛋糕、圣诞老人形状的巧克力和"德拉尼岑船长"号上的饼干。我们当然还想到了三棵圣诞树。我们花了一整天装饰船舱，将三棵圣诞树分别摆放在俄罗斯船员的餐厅、我们的餐厅和酒吧里。之后我们就在酒吧举行圣诞晚会。圣诞树上很有心地装饰着灯光链和速成的手工装饰品。装饰圣诞树时，我们的欢声笑语不断。

我们的平安夜从下午郑重的基督降临节咖啡聚会就开始了。大家心心念念的扎实的圣诞果脯蛋糕和饼干让我们进入了圣诞的氛围。吃吃喝喝时，背后传来歌手们和音乐家们为了晚会排练圣诞曲目的声音。

喝过咖啡，吃了晚餐之后，圣诞晚会正式开始。虽然对于他们来说今天并不是节日，但俄罗斯的后厨还是为我们准备了热红酒，这令我们喜出望外。大家吃好喝好以后，我做了一个演讲，这是做科考领队的惯例。不过我提到的本次科考的真实目的时，并不是认真的：

"今天是平安夜！你们肯定等着我说，我们多么圆满地完成了任务，我们留给下一批人的科考营地有多么地好。

但是，这都是事实吗？这就是全部吗？我直说吧：不是！这场科考糟糕透顶，彻底失败。因为我们根本没有实现此次任务的真实目的，可以说是毫无进展！

你们以为，MOSAiC 计划真的是一个气候研究计划吗？我们只是对公众这么宣称。实际上我们是在执行一项秘密任务。你们中很多人至今都不知道。我们的使命不是别的，而是要解开人类最大的谜题：世界上真的有圣诞老人吗？"

鉴于目前为止的一切努力显然徒劳无功，没有任何能够科学上证明圣诞老人存在的确凿证据出现。我们可以这样猜想：圣诞老人此刻正在环游世界，忙着派发礼物，当然也去到了我们家里，所以他才没有待在他的北极老家。不过我们的计划并没有结束：

"今天我们在圣诞老人的家里庆祝平安夜。我们中有很多人会在春季或者夏季回到这里。我很肯定，到那时我们将会看见他就在北极极点，躺在吊床上，享受极昼里不会消失的阳光，留着白胡子，戴着深色太阳镜，手里端一杯冷饮。那将是 MOSAiC 计划大功告成之日！"

发言以后，我们齐唱圣诞歌曲，聆听擅长音乐的科考队员们表演的曲目。他们中有的人甚至带上了自己的乐器。

乐声未歇，门就猛地打开了，圣诞老人本人就站在房间里，扶着他的是帮工鲁普雷希特（Ruprecht）[①]！两人都惟妙惟肖，穿着圣诞老人和他的帮工的服装——可是没人在船上见过他们。怎么可能？一时无人开口，全场鸦雀无声。难道真的有圣诞老人吗？他真的乘着雪橇穿过无边的冰原来到了我们这里？

随后传出第一声哈哈大笑，接着是众人的哄堂大笑——那位胡子刮得精光、大家都没见过的帮工鲁普雷希特其实是我们来自芬兰的队友亚利·哈帕拉（Jari Haapala）。不过之前他的脸一直藏在浓密灰白的大胡子下面。那把大胡子可与圣诞老人的胡须一较高下。不过现在这把胡子被小心地贴在了没留胡子的年轻队友

------

① 帮工鲁普雷希特，欧洲民间传说中圣诞老人的随从。——译者注

迈克·安哲罗普洛斯（Mike Angelopoulos）脸上，把他装扮得真的很像圣诞老人。两个人都很难认出来。帮工鲁普雷希特——从这天起直到科考结束，他的下巴总是刮得光光滑滑——开始在大厅里走来走去，一开始颇为恼怒地盘问我们在科考中的表现。我们很快给出了令他满意的答复，他打开装满礼物的袋子，开始分发礼物。

大家喝着热红酒。一种热红酒独有的惬意和温暖随之弥漫开来。之后，我们又唱起了圣诞歌。圣诞晚会直到深夜才结束。

我们在圣诞节期间安排了节目，有电影、报告和即兴表演。它们都飞一般地过去了。在这一天里，当然每个人都不免惆怅地惦念着自己最亲爱的人——我也不例外——不过有足够多的娱乐活动转移了我们的注意力。我们一起在船上度过了一个美好的圣诞节。

2019 年 12 月 26 日　第 98 天

圣诞节后的第二天，一直布满云层的黑色天空忽然打开了。我们得以一窥星辰。无论见过多少次，这样的景象永远都能震撼人心。中午，北冰洋开始了它最擅长的表演：在这一天接下来的时间里，我们上空华美的极光横贯整个漆黑的天穹，让我们自觉渺小，让天空格外寥廓。天空中的火焰之舞是我们即将回到文明世界的第一个预兆——我们又回到了极光最为活跃和频繁的纬度。之前我们的位置过于靠北，不能好好欣赏它。我们也终于可以再一次仅凭肉眼就能看见北极星。这颗在北半球准确无误地指明北方的星星，不再位于我们正上方的天顶。我们离家越来越近了。

　　航行依然极为缓慢，对人简直是一种折磨。动力强劲的"德拉尼岑船长"号必须不停地冲来撞去，才能在大片海冰中拼杀出一条路来。我们经常一天只能航行几海里。连续向南航行几日以后，我们挺进了北极角以北的区域。在北地群岛附近，海冰堆积得尤其高。通过这个海角以后，我们将向西航行，但愿那里的航路更好走，但是我们何时才能通过海角，又何时才能回到家中，一切都是未知数。不管怎么说，我们肯定会在船上跨年了。可是我的小儿子1月5日过10岁生日，他最大的愿望就是爸爸回家。圣诞节我没能回家，所以我更希望能够实现他的生日心愿了。然而我能不能及时到家，是船外的海冰说了算。

2019 年 12 月 27 日　第 99 天　　　　　　　　179

　　我们通过北极角了！现在我们在法兰士约瑟夫地群岛以南，正在向西航行。海冰还是很厚，不过航程比前段时间顺利很多。时隔数月，昨天我在探照灯的光线下第一次看见一只鸟。它是信使，预告着海冰边缘区的邻近！我们渐渐驶离了对生命充满敌意的阴沉冰漠，进入了一片相对温和友好的区域，这只鸟就是明证。曙光一定就在前方。那是不需要开关就会出现和消失的光；那是带来生命和温暖的光；那是分隔出白天和黑夜的光。再往南去，我们甚至能够见到太阳。这对我们来说简直难以想象。我们聚在一起描绘着太阳，梦想着太阳，似乎在谈论一件陈年往事，回忆着那时候，还有太阳的时候。

　　然后终于，晚上9点钟，周围的海冰不再将我们包围。三盏探照灯的光束下，只有一块浮冰漂在开阔的水面上，水波悠长的海浪不断地在它上面打磨出新的纹样。轮船立即开始随着海浪运动的节奏而起伏，在冰上久违的熟悉的摇晃感又回来了。夜里大部分时间，我都坐在船舱里，注视着浮冰与波涛。时而海冰更厚，时而开阔的水域又占了上风。海鸟在上空盘旋，它们喜欢轮船造成的上升气流。在经历了漫长的三个月以后，我们驶出了北冰洋的海冰。

2019 年 12 月 28 日　第 100 天

我们没有把天气状况考虑在内。几乎是一离开海冰边缘区，风力就增强了，"德拉尼岑船长"号开始剧烈地横倾——当船沿着它的长轴左右摇晃时，人们称其为"横倾"。很多人觉得轻微的横倾比让船头与船尾一上一下的剧烈纵倾更难受。

"德拉尼岑船长"号上的每一颗螺丝钉都是为破冰而设计的。所以在开阔的水域里，它的乘坐体验感并不舒适。海浪只有 3 米高，它就已经猛烈地摇来晃去了。巴伦支海上正在形成一场风暴。我们必须赶快回到海冰中避风。我们观测瞭望，每天与气象学专家商讨对策。我们必须抓住一个风向有利的窗口期才能安全穿越没有结冰的巴伦支海。真烦，之前是海冰堵塞了我们的去路，现在又是开阔的海洋不让我们通过。

不过根据预报，正好有一天，巴伦支海里有一条水道上的风速较小，浪高也可以接受。我们要抓住这个机会。12 月 31 日，我们大胆地穿过了巴伦支海，预计在新年第一天的傍晚抵达特罗姆瑟。

180

2019 年 12 月 31 日　第 103 天

　　最后几天的日子里，我们都在计划跨年活动。这是我们在颠簸摇晃的船上一起参加的最后一个派对。1 月 1 日清晨，新年用久违的第一缕日光迎接我们。之后不久我们就望见了挪威的海岸线。距离我们去年夏天从这里启航，已经过去了 104 天——陆地到了！

叁 · 在陆地上

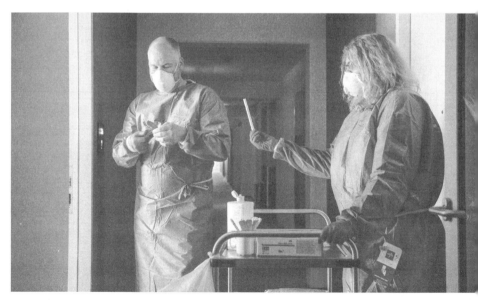

AWI 研究所的医务人员为科考队员们做新冠肺炎核酸检测。

第七章　迷茫前路

稍事休息

　　我已经回到波茨坦的家中几日。科考以后回到家中的感觉很奇特。数月以来，我身在世界的另一头，见过各种奇景，历经无数艰险，结交了很多朋友，自己也发生了一些改变——在任何人身上，这样一段时光必然都会留下痕迹，然而家中的世界一切如故。在那里，仅仅是过去了几个月的平凡日子，我们归家的人感觉活了小半辈子，但是对留在家里的人而言，这不过是寻常的夏末、秋天和冬天。

　　第一次结束科考回到家里的人往往会惊奇地发现，回家以后的日子并不轻松，甚至往往比出发前的时光还要难熬。与家人朋友重聚的喜悦会暂时压倒一切，会有满肚子的话要说。不过很快自己就会意识到，科考中的经历和见闻无法用语言叙述描摹。那些画面无法被转化为文字，言辞也不能再现当时的氛围。语言怎么也无法触及那些最重要的东西。我的思绪常常飘回船上，却无法与身边人分享自己的感受。而可以与之分享的人，那些与我有着共同经历的人，现在都已经回到了他们的家人和朋友身边，也正在各自家中体会着这种奇特的感觉。

184 　　我的人生中已经有过很多这样的时刻。不知从何时起，我把这段时间称为"重新适应期"。这段时期的长度因人而异，而且即使对同一个人来说，每一次都不尽相同。也许只有我的科考队队友们才能真的明白我的意思。反正这段时间就是很奇特。长达几个月的时间里，我只和一群彼此非常熟悉的人有接触。而现在，我在超市收银台前碰到了一个素不相识的人，同他说了几句话，付完账以后也许就永不再见。一开始，我会觉得这种与萍水相逢之人的交谈特别奇怪。进行科考的几个月里，我们有什么就用什么，如果缺什么东西，就随机应变，想个办法应付。那个世界狭小、简单却又异彩纷呈。而回到家里，世界重新变得巨大、复杂但是单调乏味。人再一次浸入陆地生活的庸常之中。这种感觉可能难以忍受，必须过一段时间才能重新适应。

　　我们在巴贝尔斯贝格的小家也没有变化——我都还没有感受到平常的生活，它就已经散发着一种平常的氛围了，简直有些突兀。我已经知道，要真正讲出一路上的经历难上加难，所以干脆不说，只是和家人们一起散步很久，单纯地享受着团聚的快乐。到了一定时候，我就会给他们看科考途中拍的照片，这时就可以开始讲一点儿东西了。不过到那一步还需要时间。复活节那天，我们家要为我补上错过的圣诞节烤鹅大餐。那一定会是个美好的夜晚！

早在我重新适应陆地生活以前，准确地说，在我回到德国后的第 5 天，我的科考领队工作就又占用了我全天的时间，因为"极地之星"号上的生活和科研还在继续。又有许多必须应对的挑战在等待着我。

新的任务

1 月份，一项新的大型后勤行动开始了。这项行动中，下一批科研队伍将被送达。新的补给也会被运上在冬季的北冰洋中央处境艰难的"极地之星"号。

"极地之星"号的漂流很顺利。现在它正随着海冰向北极点的方向漂流，距离地球最北端不到 300 千米。2020 年 2 月 24 日，浮冰流将把她带到北纬 88 度 36 分——还没有一艘船在冬季抵达过如此靠北的位置！现在我们那块浮冰上的气温一般为零下 25 摄氏度，不过有时也会达到零下 40 摄氏度。如果有风，体感温度更是降到零下 60 摄氏度。虽然当地环境极端恶劣，但是科考工作仍然在稳步推进。

我回家后不久就在报纸上读到，全球有一种新型病毒在蔓延。发生在远方的疫情虽然令人担忧，但又距离我们非常遥远，就像暴风雨前远方的"隆隆"雷声。大家当然会为身在疫区的人们担心，同情那些感染病毒却又遭遇医疗资源短缺的人们。然而放下报纸，我们又回到了日常生活。这毕竟没有临到自己头上。之前的重症急性呼吸综合征（Severe Acute Respiratory Syndromes, SARS）和中东呼吸综合征（Middle

East respiratory syndrome, MERS）病毒虽然一开始也令人担忧，但最后都只是区域性的疫情。不过我心里还是有种不好的预感，只是没有预料到这场风暴之后会刮到我们这里，甚至将整个MOSAiC科考计划推至失败的边缘。

而眼下我们有别的问题。1月28日，"德拉尼岑船长"号按计划从特罗姆瑟准时启航，驶向"极地之星"号，但是这艘俄罗斯破冰船刚刚出发，第二次轮换就陷入了困境。从今年年初开始，北半球的天气状况异于往年——盛行西风格外强烈，其风力达到了1950年起有相关记录以来的最高值。在强劲西风的作用下，海冰穿越极地的速度加快，而且大西洋的所有风暴系统被西风直接吹往欧洲北部。因此巴伦支海里风暴肆虐，我们根本不敢冒险航行在如此汹涌险恶的海域里。"德拉尼岑船长"号是为了在厚重海冰中航行而建造的，完全不适应眼下狂风暴雨中的巴伦支海。现在能做的只有寻求特罗姆瑟峡湾的庇护，等待天气状况好转。再说，还可以趁此机会，往船上再装一批卫生纸。之前装货时出了点差错，卫生纸装得太少了——少的恰好是卫生纸。稍后疫情在德国蔓延开来时，卫生纸成为了德国人焦虑到失去理智的象征。不过这时我们并不是要像仓鼠一样疯狂地囤积卫生纸，而是因为身在北极、与世隔绝的科考队的确需要这么多卫生纸。科考当然不会因为缺了卫生纸就以失败告终，解决办法总是有的。不过在"德拉尼岑船长"号等待风暴结束期间，弥补一下这个失误也是好的。

"德拉尼岑船长"号在峡湾中颇为焦躁地滞留接近一周以后，巴伦支海终于相对而言恢复了平静。"德拉尼岑船长"号得以穿

186

过巴伦支海中的开阔水域，迅速投入海冰的庇护。

现在我们几乎在进行极限操作：在隆冬破开北冰洋深处的海冰，向北极点附近挺进。2月份的海冰已经长得足够坚固厚实。即便对于世界上最先进的破冰船而言，破开它们也是艰巨的挑战。从来没有人在这个季节不依靠外界的助力挺进海冰区这么远。

今年2月份，巴伦支海的海冰边缘区——也就是开阔的水域在这里结束，北冰洋广阔的冰原从这里开始的地方——比往年明显更靠南。轮船很快就到了海冰边缘区。这是数周以来海冰漂流加速的结果。从这里开始，船就要一面前行一面破冰，因此航速变得很慢。"德拉尼岑船长"号选择了斯匹次卑尔根岛与法兰士约瑟夫地群岛之间的线路，之后会在西伯利亚群岛（Sibirische Inselgruppe）北部进入更加厚重的两年冰。现在船只能依靠不断撞击前方的海冰而前进。海冰的压力总是过大，"德拉尼岑船长"号不得不一次次暂停前进，有时停几小时，有时停一两天。因为海冰挤压运动过于剧烈时，强行破冰只是徒费力气。"德拉尼岑船长"号的船长经验极为丰富，他做了所有优秀的破冰船船长都会做的选择——让轮船发动机空转，静待海冰压力减弱。这种情况下，我们的俄罗斯船长展现出了一流的素质，只有经过几十年海冰航行的经验积累才能达到他的水平——他能够"阅读"海冰，精准找出冰上的薄弱部位并从那里突破。破冰船就这样一次次重获自由，坚持不懈地驶向北方。然而海冰上的薄弱部分相当稀少，冬季的海冰之间也几乎没有水道。船上的一些科考队员开始有些焦虑，担心他们根本到不了"极地之星"号的位置。

187

我们在陆地上的人每天都紧张地盯着海冰地图上标出的两个小点——"德拉尼岑船长"号与"极地之星"号的位置。航速十分缓慢，但终究在持续前进。"德拉尼岑船长"号平均每天能够向其目的地"极地之星"号靠近约20千米。只有当海冰压力过高，"德拉尼岑船长"号被迫停下时，行程才会中断几日。我们明白，在海冰航行中，这种由海冰挤压运动造成的暂停再常见不过，不必为此担心。如果对这些迫不得已的暂停忽略不计，两艘船显然越来越接近。这次行动一定可以成功，我们从未真正怀疑过这一点。海冰航行需要的正是耐心和镇静。根据计算，"德拉尼岑船长"号将在2月底到达"极地之星"号所在地，应该是在两周以后。不过这个预估非常粗略，要为冰上航行制定时间表是不可能的，也很难预料到底需要多少时间。我们有一周的时间耗费在了巴伦支海的风暴上，又有一周耗在了不利的海冰状况上——与过去十年同一季节的平均值相比，2020年初巴伦支海的海冰增厚了50%至100%不等。这一年冬季天气异常，因此巴伦支海中的浮冰流流速加快，从而造成了该现象。

眼看着"德拉尼岑船长"号就要到达"极地之星"号，而"德拉尼岑船长"号的燃油储备却无法支撑它走完返程，因为与海冰的搏斗消耗了大量能源。它的储油量无力负荷这类拓荒式的航程。虽然她是冬季里深入北极的续航里程最远的破冰船，但是如果储油量不足以支撑她驶出海冰，那又有什么用呢？

"极地之星"号此时虽然有足够的燃料，未来几个月都不需要从"德拉尼岑船长"号处加油，但它的储备也不足以为将要返程的"德拉尼岑船长"号补充燃料。"德拉尼岑船长"号行驶到

188

科普小贴士

臭氧层空洞是如何消失的?

人们在地球上最不可能发现臭氧层空洞的地方发现了臭氧层空洞——在渺无人烟的南极冰原上空。我们的父辈在使用含有含溴氟烷的灭火装置和氯氟烃的过程中,不知不觉造成了臭氧层空洞。氯氟烃的德语简称为 FCKW(英文简称为 CFCs),长期以来被用作喷雾瓶里的气雾剂、塑料里的发泡剂和冰箱里的制冷剂。好消息是,臭氧层空洞将在本世纪下半叶消失。这都要归功于《蒙特利尔公约》及其更加严格的修正案。根据其规定,世界上几乎所有国家都不再生产氯氟烃和含溴氟烷。在联合国的引导下,各国经过磋商后达成了此项公约。

这个成功的案例表明,只要及时采取有力的政策举措,也可以控制住全球性的环境难题。这需要惠及后世的长远眼光。该项成果使得每年逾 100 万人免遭皮肤癌侵袭。如果每一代人只为自己打算,是断然不能取得如此成就的。

另外显而易见的一点是:正是因为在偏远的南极有观测站存在,它们能够及时报告臭氧层发生的变化,现在我们才能为这则喜讯而欢欣鼓舞。全面观测环境系统,及时发现并解读其中的危险预兆,需要持之以恒的努力和全社会对耗资不菲的全球环境预警系统的支持。

不需要加油就能顺利返航的临界点之前,必须想出一个解决办法。否则我们的补给船就不得不半途终止行动。

陆地上的后勤小组正加班加点地制订应急方案。这件事再一次证明了,朋友是多么重要,尤其当人身在极地,时时刻刻都必须面对无法预料的天气状况和海冰状况,还要执行挑战人类极

189

限的任务时，这种经验将从事极地研究的各个国家紧密团结在一起。无论在北极还是南极，"极地之星"号曾无数次驰援那些需要帮助的人们。现在俄罗斯朋友们也立即向我们伸出援手。一艘大型破冰船"马卡洛夫海军上将"（Admiral Makarov）号正停靠在摩尔曼斯克（Murmansk），短时间内即能进入海冰中支援我们。

两位船长用削尖的铅笔计算着可行的方案。我们必须在海冰中找到这样一点，使得"德拉尼岑船长"号在返程中仅凭剩下的油量也能到达此处，并且使"马卡洛夫海军上将"号在这里输出几百吨燃料后，依然能顺利返航。根据计算得出——两艘船的航行范围可以重合！在这块面积不大的重合区域内，有一个理想的会合点。在这里，"马卡洛夫海军上将"号会严格按照计算结果将一定量的燃油输送给"德拉尼岑船长"号，之后两船的储油量都足以支撑它们离开冰区。

"马卡洛夫海军上将"号加满油后于数日内启航，计划在约定地点与返航途中的"德拉尼岑船长"号会合。这个所谓的约定地点其实是北冰洋海冰中的一个无名之地，笼罩在完全黑暗的极夜里。现在世界上最先进的三艘破冰船——德国的"极地之星"号、俄罗斯的"德拉尼岑船长"号与"马卡洛夫海军上将"号正在协作行动。陆地上的屏幕中，有三个小点跃动在海冰地图里。它们仿佛踏着几经打磨的舞步，要确保"德拉尼岑船长"号到达"极地之星"号所在地，然后又要在恰当的时间和地点为自己补充燃料。这项行动将被载入极地探索的史册。这是一项史无前例的行动！

"德拉尼岑船长"号成功完成任务后，在返程途中又遇上了那年冬天在巴伦支海格外频繁的风暴，因此不得不藏在海冰中躲避。这又耗费了一周时间。3月31日，这艘破冰船驶入特罗姆瑟港。这项复杂的行动大功告成以后，大家都欢欣鼓舞。

新型病毒——MOSAiC 的终结？

190

"德拉尼岑船长"号于3月底驶入特罗姆瑟港。这原本是一段再正常不过的航程。然而在"德拉尼岑船长"号出海的八个星期里，欧洲早已发生了天翻地覆的变化，再也不存在"正常"的状态。船上的人们回到了一个启航时根本无法设想的世界。

新冠肺炎的"隆隆"雷声不仅没有消失，还发展为一场来势凶猛的风暴。1月23日，武汉封城。一座人口超过千万的特大城市竟然被完全封锁？难以想象，但却千真万确，这简直是电影里才有的情节——而几周之后，相似的桥段将在全球各地上演。

几天后，新冠病毒就传到了德国。在巴伐利亚（Bayern）州发现了第一批感染者。起初还能很快查清病毒的传染链，病人也及时被隔离。于是我们产生了一种虚假的安全感，以为欧洲的制度可以迅速遏制任何疫情。然而这时很多人已经想到，万一有人刚刚感染了病毒——尚处于潜伏期，但已具备传染性——就去周游欧洲或是参加大型聚会，会怎么样？一厢情愿的乐观主义终于掩盖不住对于局面失控的担忧。

到了2月底，随着意大利的感染人数与死亡人数骤增，人们开始觉察到事态的严重性。意大利部分地区的医院超负荷运转，重症病房与呼吸机供不应求。医生们必须决定给哪些病人使用呼吸机，其余得不到呼吸机治疗的病人只能死去，这简直是一场梦魇。我永远忘不了那些满载遗体的军用卡车的照片。这些照片拍摄于意大利北部的贝加莫（Bergamo）。那里的火葬场在疫情期间超负荷运转，于是只能出动军用卡车运送遗体。

然后就到了欧洲疫情暴发的节点。我清楚地认识到，局面失控了，德国也没能幸免。从现在起，我们只能走一步看一步了。据报道，一名感染者参加了在海因斯贝格（Heinsberg）[1]举行的一场狂欢节活动。显然不太可能查出这场活动的所有参加者及其密切接触者，并将他们全部隔离。尽管我们的卫生机构付出了巨大且值得肯定的努力，但是仍然无法追踪到所有传染链，也说不清是谁的过失。欧洲难免会发生这样的事，只是时间早晚而已。长期以来，我们集体都不愿意去面对它。

德国的疫情暴发比意大利晚几周，从而赢得了宝贵的时间。意大利北部的前车之鉴促使德国人做出正确的决定。整个欧盟内部都采取了这样的措施。

在德国，自3月22日起，关于人际接触的规定生效。"社交距离"成为了新的热词。商店停业，各项活动被取消。欧洲各国的国界封闭。挪威也不例外，而且这里的规定尤其严格。"德拉尼岑船长"号完成人员物资交换后，正是停靠在挪威。他们会怎么样呢？

---

[1] 海因斯贝格（Heinsberg）德国西部的一座县城，位于北莱茵—威斯特法伦州。——译者注

当这场危机在我们身边爆发，各国的出入境规定几乎每小时都在变化时，这支上百人的国际科考队正在北冰洋上航行，即将返回特罗姆瑟。"德拉尼岑船长"号刚刚开始接受"马卡洛夫海军上将"号输油时，挪威就关闭了边界。要想正常驶入特罗姆瑟港是不可能了。其他欧洲港口也正在一个接一个地关闭。我们紧急发布命令，要求"德拉尼岑船长"号补充比原计划更多的燃油，以备无法靠港时长时间在海上逗留。"马卡洛夫海军上将"号上的燃油储备恰好足够。然后我们急忙开始与挪威政府交涉并且制订方案，力争让我们的科考队在疫情中上岸并回到各自的国家。

"德拉尼岑船长"号终于穿过多风暴的巴伦支海，向特罗姆瑟港驶来时，交涉还在继续。直到轮船即将抵达时，各方才给出了一个解决方案：允许"德拉尼岑船长"号入港，除挪威公民外，其余所有人员都必须在与外界隔绝的条件下坐大巴前往机场，然后换乘包机飞往德国。挪威籍人员则留在挪威并接受为期14天的隔离。对于这支来自近乎无菌环境的科考队，德国方面没有做出相关要求，因为在新冠疫情暴发之前很久，这批极地科学家就已经出发了，而且在接受"马卡洛夫海军上将"号的燃料以前，他们处于与外界隔绝的状态——再说补充燃料时也没有人与人的接触。来自各国的科考队员可以从德国搭乘所剩不多的航班飞回祖国。抵达目的地以后的核酸检测也证明，确实没有任何一人感染病毒。

第二航段的科考队员们都平安返回了。然而"极地之星"号上的下一次轮换又提上了议程。

我们的浮冰上开始有了亮光。与我几个月前离开时相比，那

192

里已经完全是另一个世界。2月底，从"极地之星"号上可以看见地平线处的亮光。3月1日，出现了类似日光的光线。3月12日，太阳自极夜以来首次出现在地平线上。在陆地上的我们收到了很多梦幻般的照片。它们记录了与日不同的光影与氛围，使我回想起我曾多次亲历的漫长极夜之后的北极日出。

他们在科研上也取得了重要的结果，虽然这些结果并不乐观：我们的科研气球探测出北极上方存在臭氧空洞。北半球上空的臭氧层状况从未如此接近南极上空出现空洞的臭氧层。在距离地面18千米的空中，95%的臭氧在过去几周内被破坏殆尽。而这个高度本应该是臭氧分布最多，并且在此形成地球保护层的区域。

尽管我们的浮冰是地球上少数几个不受新冠病毒影响的地方，那里一切照旧，但现在疫情已经完全搅乱了我们精密的后勤安排。

其实我本应该在三月中旬乘坐科考飞机重回北极，为下一次的人员物资交换做准备工作。我们筹划了多次飞行，而且飞行范围很广，旨在进一步勘测我们的浮冰以及周边更广阔的区域。除了这些飞行任务，我还计划让飞机在"极地之星"号附近的冰面上着陆，这样我就可以借此机会重新回到科考工作中。飞机要飞到"极地之星"号所处的极北之地，就必须从斯匹次卑尔根岛起飞，然后在位于格陵兰岛北部的小型科考站诺尔站（Station Nord）补充燃料——那里有飞机跑道和航空汽油。

3月6日，星期五，我已经收拾好行囊，订了去斯匹次卑尔根岛的机票，周一就要出发。这时电话响了，是乌维·尼克斯多夫。我立即意识到，一定出了什么状况。前段时间我们规定，所

193

有科考队员出发前必须做核酸检测。昨天许多参加此次飞行任务的科考队员们在不来梅港集中做了核酸检测。

乌维通知我：一例核酸检测结果呈阳性——有 1 名科考队员被感染了！而且在集中做核酸的过程中，几乎整个科考队都和这个人有接触！于是所有参加了这次核酸检测的人都被要求隔离两周。显然，飞机一时半会起飞不了了。我们在电话里决定，将起飞时间推迟两周。我改签了去斯匹次卑尔根岛的机票。而这仅仅是那场摧枯拉朽风暴的序曲，它正全速向我们冲来。

几天以后，挪威当局完全封锁了斯匹次卑尔根岛，解封时间待定。这座岛上还没有新冠病毒，以后也不能有新冠病毒。岛上仅有的近 2500 名本地居民承受不起疫情的冲击。不久之后，挪威完全关闭国门，其边界仅对其他斯堪的纳维亚国家开放。显而易见，现在不是推迟飞行的问题，而是在可预见的时间里都不可能飞行。

现实的重击一拳接着一拳。第三航段与第四航段在 4 月初的交换也是通过飞机进行的。我们原计划动用俄罗斯的"安-74"（An-74）飞机，从斯匹次卑尔根岛起飞——现在也不可能了！按照原计划，接下来的物资燃料补给还有第四航段与第五航段的轮换在 6 ～ 7 月由瑞典破冰船"奥登"（Oden）号完成。然而瑞典伙伴的一封信让这个计划变成泡沫——"奥登"号被召回母港，疫情期间无法为 MOSAiC 计划效力。最后一次物资燃油补给还有第五航段与第六航段的人员交换由中国科考破冰船"雪龙 2"号承担。然而中国伙伴也告知我们，"雪龙 2"号已回到母港，在目前的形势下不能出动。

194

　　几乎每隔一个小时就传来一条某国封锁边境的消息。终于申根区也拒绝来自欧盟以外的旅客入境，大部分欧盟国家也都封锁了边境。短短几天之内，我们的后勤计划全盘崩溃。现在"极地之星"号被封冻在北冰洋中，而我们却不知道该怎么为它运输科考下半段的补给。

　　从一开始，我们就做好了 MOSAiC 计划可能会失败的心理准备。一个具有如此雄心壮志的科考总会面临失败的风险。如果无力承受可能遭遇的失败，就不能完成伟大的事业——也许这个道理不仅针对极地科考，也适用于诸多人生中的其他领域。要实施 MOSAiC 这样的计划，在北极腹地进行亟需的科学考察的前提之一，就是要敢于正视失败的可能。这个前提令人难以接受，但是如果想要达成宏大的目标，我们就必须接受它。

　　可是谁又能料到，一种甚至从未在船上出现过的小小病毒就足以毁掉整个科考行动。而此刻，正是这种病毒使得前路迷茫不清。谁也说不准科考是否还能够继续进行。即使我们从一开始就很清楚，这个计划有可能失败，但是当眼下不得不接受失败的现实时，我们的心情依旧十分沉重。

　　接下来的一段时间里，我们士气相当低落，且没有任何进展。接下来的几周里，关于各国入境限制和封锁边境的报道一条接着一条。在许多 MOSAiC 计划的参与国里，公共生活完全停摆。区区几周，世界已经不再是我们筹备这个国际科考计划时的世界了。它太绝望了。

　　虽然身处困境，但我们没有放弃。也许极地生活对我们的锤炼在这时起了作用。在极地，我们每天都要面对意料之外的问题

195

和挑战。这时不能沉溺于绝望的情绪里，而是要立刻转变心态，从实际出发想办法。

放弃从来就不是一个选项。所以我们总是在每次挫折以后迅速振作起来，寻找解决方案。

首先亟待解决的是庞杂的管理问题。虽然目前我们还不知道具体应该怎么做才能挽救这次科考，但可以肯定的是，我们需要能够应对眼下紧急状况的管理组织。我们组建了一个精简的危机处理小组，组员除我之外还有后勤保障总负责人乌维·尼克斯多夫和 AWI 研究所主管科研的安缇耶·波提乌斯与主管行政的卡斯滕·乌尔（Karsten Wurr）两位所长。要在这个非常时期做出决策，离不开多方面的支持。我们必须迅速扩大团队，将科考行动拔出泥潭，同时还必须在几天内建立起高效的专项小组。我们做到了。

任务一目了然：耗时数年精心设计的后勤计划不复存在，必须一切推倒重来。而留给我们的时间只有几个星期。在这场冲击全球的危机下，世界变得更加复杂多变。事先的计划失去了意义，因为无人能够预料几周以后的世界局势，更不用说几个月之后了。管他的，工作就是了。

为了制订新的后勤计划，我们找了所有能够找到的人。安缇耶·波提乌斯手头永远有大山一样繁重的工作，但精力过人的她还是加入进来了。而"MOSAiC 计划之父"，这次科考最初的构想人和计划实施的推动者克劳斯·迪特洛夫尽管退休在即，也再度出山。

最要紧的是正在冰上的科考队。目前他们的物资燃料供应还不是大问题，因为按照原计划，下一次的食物燃料补给是在 6 月份，由"奥登"号运输。但是当外面的世界濒临崩溃时，一支孤悬于北冰洋中的科考队又怎么会安然度日呢？许多科考队员为家人的安危忧心如焚，恨不能立刻回到他们身边，陪他们共渡难关。

196　　我们应该如何抉择？我们考虑过中止科考，让队员们回家。然而这个季节的海冰最厚也最坚固。虽然浮冰流的流速很快，"极地之星"号已经向大西洋的方向推进了很长一段距离，与预判相比更靠近海冰边缘区，但我们还是不能确定，它是否能够仅依靠剩余的燃油储备抵达那里。后来的事实也证明这是不可能的。所以我们寻找解决办法的时候，冰上的科考队除了坚守以外别无选择。筹备科考行动一贯都艰辛异常，一路走来也曾战胜过困难重重。之前我的睡眠一直很好，但这几周里，我熬过了很多辗转反侧的无眠之夜。

　　制订挽救整个科考计划的同时，我们还做了一个用飞机撤离个别科考队员的小型方案。他们出于种种原因无法继续留在冰上，或者必须回到家中。与各个单位打了无数通电话以后，格陵兰岛北部的诺尔站终于允许我们的两架小型"双水獭"飞机在那里降落并加油，虽然此举对于该站的工作人员来说不无风险。假如机组成员中有人感染，此人有可能在加油的过程中无意间将病毒传染给诺尔站的人们。人员更多的大规模行动则更加危险，诺尔站当然也不会许可。不过我们两架"双水獭"飞机飞过了复杂的航线，在加拿大北部的小型机场补充燃料后又降落在诺尔站，成功地完成了这项精准的小型行动。之所以同时派出两架飞机，是出于安全考虑，一旦遭遇紧急情况，它们可以相互救援。4 月

22日，这两架飞机终于翩然降落在事先准备好的"极地之星"号旁的冰跑道上。它们搭载了七名科考队员，然后原路返回，在北美洲降落。队员们再从这里返回各自的家乡。在后勤小组坚持不懈的努力下，各国的诸多管理机构终于同意针对必要的例外情况暂时放宽出入境限制。我们的后勤小组出色地完成了任务。

我们由此为寻找下一次人员交接的办法赢得了时间。留下的科考队员们已经很清楚，他们在冰上停留的时间将远远长于原计划。他们依然在不知疲倦地继续进行研究工作。春天已至，气温开始回升。等到5月底6月初，"极地之星"号应该可以凭借自身的力量冲出浮冰，带着全队人员归来。

为确保万无一失，我们制订原计划时留了很大的余地，现在得到了回报。"极地之星"号上总是储备了足量的燃油和食物，即便没有任何外来补给也能够撑过整个冬季，直到它足以凭借自身的力量踏上归途。为此我们缩短了每一次补给运输之间的间隔时间。运送补给的频率也超出了计划所需。话说回来，极地科考本就是挑战人类极限的行动，它的后勤安排又哪里是可以计划的呢？这里永远可能出现不可预见的状况。因此在制订计划时就要把人员和船只的安全放在第一位。

所以现在没有人身处险境。科考队在冰上静候情况发展时，有安全保障，有暖气供应，吃穿日用的供应也还充足。船上所有人都知道：即使我们没能想出解决方案，他们也可以在夏季凭借自己的力量平安返回。

眼下的问题是要挽救科考行动。如果我们不能想办法把补给物资运到"极地之星"号上，最迟到初夏就必须终止科考。对于科研工作来说，这无异于灭顶之灾。虽然截至目前我们的观测已经覆盖了北极的冬季与春季，但是构建气候模型需要全年的气候数据。要建成一个确实可信的北极气候系统模型，就必须正确模拟夏季的气候过程。如果我们现在被迫终止，那么这场科考的测量结果就会在时间序列上有所缺失。

接下来的几周里，全世界几乎所有比较大型的科考活动和科考船航程都中止或取消了，然而我们依旧在埋头工作，希望能够挽救 MOSAiC 计划。

为了在北冰洋深处进行人员交接并且为"极地之星"号补充物资，我们画出了所有能够想到的路线。哪怕是最冷僻的路线都被标记出来，成为一则选项，列在一幅分枝繁密的树状图里。我们联系了国内外所有的合作伙伴与朋友，到处求问谁还有资源，谁还有破冰船，可以在冰上航行的船也行，哪怕只是普通的船也行，只要可以快速抵达我们这里，在新冠疫情下支持我们就行。

我们的中国伙伴立刻表示他们能够帮助我们，但无奈距离遥远，远水解不了近渴。俄罗斯的同事们也愿意立即伸出援手，但是他们的两艘船"费多罗夫院士"号和"特列什尼科夫院士"号都正在南极，同样相隔太远。不过等到 8 月份，他们可以帮我们运送最后一个航段的科考队员！最后一次补给行动有着落了。

然而眼下，人员交接与补给计划的可能性树状图上满是休止符。多少条路径都引向了死胡同。

天无绝人之路！尽管处处都是绝路，但依旧存有一线希望：两艘德国科考船"玛利亚·S. 梅立安"（Maria S. Merian）号和"FS 太阳"（FS Sonne）号因疫情原因被迫中止科考行动，目前正在返回德国的途中。各个关键部门很快都给予了支持。这包括负责船只调度的德国科考船指挥中心（Leitstelle Deutscher Forschungsschiffe）、管理船只操作员的德国科学基金会（Deutsche Forschungsgemeinschaft）以及船只所有者联邦教育与研究部（Bundesministerium für Bildung und Forschung）。研究部部长立即批准了该方案。无论科考计划处于顺境还是逆境之中，她从来都坚定地支持着我们。被封冻在海冰中的队员们也对这个方案表示赞同，尽管他们要为此承受巨大的压力，不得不在海冰里多停留两个月。而这意味着，疫情期间他们无法陪伴在家人身边。终于有了进展！这项宏大的计划初现雏形。

首先，我们将人员交接与物资补给的次数从三次减为两次：一次在 5 月底 6 月初，由"玛利亚·S.梅立安"号和"FS 太阳"号负责；另一次在 8 月份，由"特列什尼科夫院士"号负责。科考队也须做出相应调整，因为现在只有五个而不是原计划的六个航段。另外还有许多细节问题有待厘清。

这两艘德国科考船不是破冰船。"玛利亚·S.梅立安"号虽然能够在海冰边缘区作业，但是肯定无法抵达位于海冰深处的"极地之星"号。而"FS 太阳"号根本不适合冰上作业。它通常在热带与亚热带地区执行任务。好在交接行动定在初夏，那时向南漂流的"极地之星"号应该已经可以行驶到海冰边缘区，与两艘船会和。我们计划让这三艘德国最大的科考船在海冰边缘区碰头并进行人员物资的交接。这是三艘船之间前所未有的合作，其目的是挽救 MOSAiC——疫情肆虐期间世界上唯一一项还在海上进行的大型科考。这足以证明，科学家们与相关部门在关键时刻

199

团结一心，所有参与伙伴的组织管理都相当高效。申请动用大型科考船一般需要至少两年时间，然而在这千钧一发之际，不到一个月就办好了所有手续。我们真的可以为德国的科研环境而感到自豪。

MOSAiC 被救活了！压在我们心上的大石头终于落了地。忧心忡忡的几个星期过去后，我们找到了解决方案并且知道了科考还可以继续进行，怎么能不松一口气。

不过还有一件极其重要的事——我们必须确保下一次交接时"极地之星"号上或者运输船上不会爆发新冠疫情。船上的疫情会带来灾难性的后果。届时船上所有人将身处险境，科考也很有可能因此以失败告终。于是我们与卫生部门共同制订计划，让所有即将搭乘"玛利亚·S. 梅立安"号和"FS 太阳"号的人员登船前至少严格与外界隔离两个星期，并在隔离期间多次接受新冠肺炎核酸检测。因此科学家们和船员们在不来梅港的两家酒店里住了两个多星期，期间与外界没有任何身体接触。第一个星期里，每人待在自己的隔离房间内，与他人没有任何接触；第二个星期里，被隔离的人之间可以有接触，不过须保持社交距离。只有完成两周隔离才能登上"玛利亚·S. 梅立安"号和"FS 太阳"号，然后向北进发。

我也要和家人告别了。我将利用这次交接回到"极地之星"号上，并在那里领导工作直到整个科考结束。留给我收拾行装的时间很少——从确定派出"玛利亚·S. 梅立安"号和"FS 太阳"号进行交接到出发之间的间隔不到两周。5 月 1 日，我带着行李踏入位于不来梅港口附近的酒店，自愿开始长达两周的"监禁"，并且满怀盼望——要回冰上了！

肆

· 春季

我在隔离中独自度过 14 天，以特别的方式开启科考新航段。

第八章　重返冰上

2020 年 5 月 1 日　第 225 天

　　门在背后关上，我现在一个人了。这次科考的开始不同以往，我还从来没有经历过——一开始就是超过两周的隔离。隔离的第一阶段，每个人必须单独待在自己的酒店房间里。我首先环视了一下要在这里度过接下来几周的小小王国，觉得这家酒店选得不错。房间有一面墙做成了从天花板直到地板的落地窗，望出去是一个停泊着科考船的小港湾。这片开阔的景色让人感觉不那么压抑，减轻了与外界隔绝之感。这肯定能缓解在隔离中可能出现的幽闭恐惧症。

　　隔离非常彻底。我们既不会接触到别人，也不会离开各自 25平方米的房间。房门始终紧锁，只有在一天三次的用餐时间里才会有人来敲门。我们要等待片刻以后才会打开房门，然后迅速把餐食拿进房内。

房间里还没有网络。我躺在床上无事可做，在这里什么事都处理不了。我们只能等待，等待某人身上的病毒增长到一定数量，使得检测结果变为阳性——然后这个人就要离开科考队接受治疗。现在我们所有人都只是人体生物反应堆，我们的唯一任务就是为潜在的感染留出时间，等待其爆发。

我很多年都没有这样悠闲过了。这是种什么样的感觉啊！我非常享受，煮一壶咖啡，坐在落地窗前舒适的沙发椅上，用望远镜瞭望窗外的港湾，想象自己正在外面的世界漫步。我向来享受独处，所以从不担心隔离的时光难熬。恰好相反，我利用这段时间，使自己从上几周科考濒临失败时的压力和疲劳中恢复过来。

这一次我会离家很久，接近半年。昨天早晨我和儿子们道了别，我的妻子开车把我从波茨坦送到不来梅港，我算是搭乘了没有病毒的专车。那天我的大儿子起得比平时稍晚了一些，他一想到自己错过了爸爸离家前的最后一个早上就非常懊悔。我们干脆推迟了出发时间，又在家里一起待了好一阵——反正昨天在不来梅港也无事可做。在不来梅港和妻子分别以后，她就开车回家了。极地科学家的家人必须得学会忍受离别。

2020 年 5 月 4 日　第 228 天

网络问题解决了。后勤组紧急将几台可以与手机连接的无线网络路由器接入隔离酒店。现在电子邮件重新涌入电脑和手机。类似平时坐办公室的日子开始了。我们建了一个包含所有科考队员的聊天群，开始相互认识，培养团队归属感。线上团建的效果不错。大家约好站在窗前给一位过生日的科考队员唱歌庆生，同时为第一次新冠肺炎核酸检测全员阴性而欢呼。

时间过得比我想象的快。直到今天，我一次都没有打开过酒店里的电视。对我而言，没有责任重担的时光是难得的奢侈品。205电话与电子邮件继续源源不断地向我涌来。

2020 年 5 月 5 日　第 229 天

今天我做了第二次新冠肺炎核酸检测。后勤组的医生艾伯哈德·科尔贝克（Eberhard Kohlberg）和蒂姆·海特兰德（Tim Heitland）挨个敲遍所有人的门，给大家做鼻咽拭子检测。

因为他们没有被隔离，身上有可能携带病毒，所以他们都穿着包裹全身的防护服。我们几乎看不见他们的脸。这两人都是经验丰富的科考队队医，曾经随同我们一起在南极的科考站过冬。我就是在那里认识他们的。整套隔离方案出自他们之手。团队里的超过 150 人——所有科研工作者以及"极地之星"号、"玛利亚·S. 梅立安"号和"FS 太阳"号上的全体船员都要进行新冠肺炎核酸检测，并且每人的检测必须单独进行。在与卫生部门协商以后，艾伯哈德和蒂姆在这两家被包下的酒店里亲自实施他们自己制订的方案。在这个特殊时期，他们还帮助来自欧盟以外各个国家的科考队员申请到了欧盟准入许可证。他们所做的一切堪称一场大胆的冒险，出色地完成了后勤保障工作。我们的科考得以继续进行，也有两位队医的功劳。

2020 年 5 月 7 日　第 231 天

　　第二次新冠肺炎核酸检测的结果也是全员阴性！一片欢呼声响起，不过这一回大家都跑到了走廊上欢呼。既然第二次检测结果也是阴性，那么我们团队里有人感染的几率极低。于是隔离的第二阶段开始了。只要不离开与外界隔绝的酒店，我们就可以离开各自的房间，相互串门。虽然人与人之间必须保持两米以上的距离，但现在毕竟我们可以一起在餐厅用餐了。

206

2020 年 5 月 15 日　第 239 天

　　今早我们做了第三次新冠肺炎核酸检测。晚上接近 23 点时，艾伯哈德打来了电话，令我大大地松了口气——又是全员阴性！我俩几乎隔着电话就想相拥而泣——太好了！一切努力没有白费，我们星期一就可以出发。我在聊天群里宣布了这个好消息，又是一片欢呼声。

2020 年 5 月 18 日　第 242 天

　　出发！我们乘坐大巴车驶向港口。"玛利亚·S.梅立安"号和"FS 太阳"号和已经在那里等候多时了。我们将搭乘这两艘船前往海冰边缘区。我们一上船——我在"玛利亚·S.梅立安"号上——大家就立刻突破了社交距离。几次检测结果已经证实了我们内部没有新冠病毒，大家可以放心地相互拥抱。保持社交距离几个月以后，这一幕让人一时还有点不适应。朋友之间终于可以好好地彼此问候一下了。隔离期间，我们已经成为了一个

乘坐两艘德国科考船"玛利亚·S. 梅立安"号和"FS 太阳"号重返海冰边缘区，即将抵达与"极地之星"号的约定地点。

团队。

安缇耶·波提乌斯、乌维·尼克斯多夫和马塞尔·尼克劳
斯也来了。他们站在远处向我们挥别。一些亲属也在。我们也朝
岸上的人们挥手致意。11 点，缆绳被解开，我们上路了。一小
时后，我们通过了港区的船闸，驶入大洋。我们找到了各自的舱
房，然后把行李搬进去。明天，5 月 23 日，我们将在斯匹次卑尔
根岛的伊斯菲尤伦（Isfjord）峡湾与"极地之星"号会合。这个
峡湾是个优良的避风港，而且靠近海冰边缘区，非常适合在此开
展船与船之间复杂的人员物资交接。

207

2020 年 5 月 20 日　第 244 天

乘坐"玛利亚·S. 梅立安"
号穿过北大西洋前往海冰边
缘区，一路天气晴好，航程
轻松愉快。

我们已经驶入北大西洋，但是感觉根本不像
在北大西洋。明亮的阳光照在脸上，海面平静，
近乎无波。很多人坐在甲板上，或是编织，或是

读书，或是闲聊。

而另一边，"极地之星"号正在与浮冰压力和被风力挤压而成的厚厚冰脊作斗争。所有水道都封冻了。鉴于现在"极地之星"号的航行速度极慢，我们也将航速降至 8 节。他们 5 月 24 日前是到不了伊斯菲尤伦峡湾了。

2020 年 5 月 21 日　第 245 天 208

父亲节的天气总是很好，航行也很顺利。中午，我们进入北极圈。极昼开始之前，太阳在昨晚最后一次落下。从现在起，它将是我们北进路上的忠实伙伴。

2020 年 5 月 24 日　第 248 天

从昨天起能明显感觉到船的颠簸更加剧烈。一夜过去，风力也增强了。周围的海洋变得波涛汹涌，海面上出现一顶顶冠冕状的泡沫，海浪拍击着工作甲板。"玛利亚·S. 梅立安"号依旧稳定，即便在风浪中也能保持平衡。然而还是有队员出现了晕船症状，用餐时餐厅明显空了不少。

昨天下午我们看见了一群鲸鱼。它们随轮船一同向北游了一阵，游向它们的夏季觅食区。我们欣赏着它们喷出的水柱，看了足足半小时，还通过望远镜不时瞥见了它们的脊背或背鳍。接着它们逐渐消失在轮船后方。我们的航速是 8 节，比鲸鱼稍快一些。

"极地之星"号的前进速度依然缓慢，还在与海冰作斗争。 209
新的预计到达时间推迟至 5 月 31 日。我们必须在峡湾里等他们很久——不过等待的时间总是悠闲的。我们的团队早已明白，极地科考总是会受到天气与海冰条件的限制，不可能时时事事都按计划进行。

2020 年 5 月 28 日　第 252 天

今天我剪了头发。在船上是不能奢求有什么发型的。我对着镜子用剪刀给自己理了发。

三天前我们就抵达了位于峡湾中的约定地点。"极地之星"号依旧在缓慢地前行。虽然已经是 5 月底，但重重坚冰仍旧难以突破。年初，"极地之星"号距离海冰边缘区要比现在远得多，如果仅凭现有的燃油，它可能根本无法抵达海冰边缘区。

既然已经确定要在这里等"极地之星"号至少一周，我们就要想点办法抵御无聊可能带来的士气消沉，还要改善住在集装箱里的队员们的生活条件。"玛利亚·S.梅立安"和"FS太阳"号上没有足够容纳 100 多人的舱房，所以我们在"玛利亚·S.梅立安"号的甲板上搭建了集装箱房屋，每 4 人一间房。每个集装箱里有两间狭小的卧室，每间卧室里摆一张上下铺，两间卧室之间有个很小的卫生间。一直住在这样的房子里当然很不舒服。

于是我采取了两项措施：一是采纳大家的建议，明天就把甲板上的实验室改建成活动室；二是开展娱乐活动。我宣布，每个科研组都要用一种有新意的方式——不使用幻灯片——向其他组的科考队员们介绍自己的科研计划。之所以要求用不同寻常的方式，其实是无奈之举，因为没有能够容纳所有人的、配备了投影仪和屏幕的报告厅。"玛利亚·S.梅立安"号原本不是为这样人数众多的科考行动设计的。不过歪打正着，这项要求反而激发了大家的创造力。

2020 年 5 月 29 日　第 253 天

　　我们齐心协力地把甲板上的实验室改造成"货运架"咖啡厅：两张沙发是用货运架改造的，舷窗前蒙上几块黄色毛巾，打造出温暖的灯光氛围；船员提供了灯串、坐垫和靠枕，让沙发坐起来更舒服，必要时还可以将实验桌也改造成座位；扩音器播放着手机上的音乐。我们的咖啡厅非常舒适，适合小聚、喝咖啡、听音乐，晚上还能在这里举行派对。

　　"货运架"咖啡厅很快就大受欢迎，新设施不断增加。墙上逐渐挂满了绘有斯匹次卑尔根岛上诸峰的水彩画，那正是远处地平线上的风景。塑料瓶被制成装饰品挂了起来。我们干脆用这间咖啡厅的名字来形容任何富有创意、因地制宜又好看好用的东西——这很"货运架"！

2020 年 6 月 1 日　第 256 天

　　各组的汇报展示大获成功。首先登场的是海洋组。充当会议室的餐厅变成了北冰洋洋盆，他们几人为一组饰演各种洋流，在房间里演示了洋流的流动与垂直分层。他们还借助临时手工制作的模型，唱着自己填词的歌，介绍了一些最重要的海洋测量仪器，非常有趣。

　　但是如果以为海洋组凭借他们想象力丰富的表演已经拔得头筹，那就大错特错了。今天海冰组上演了一出表现北冰洋浮冰一

乘冰越洋

科普小贴士

冰上大肚船

许多船只都可以凭借坚固的船身在覆盖有少许海冰的海面上航行。然而全世界只有几十艘船可以挺进海冰区深处。千禧年前后，破冰船的数量减少，极地大探索时代和冷战都成为了历史。然而时至今日，随着气候变暖，北冰洋的可通航区域增加，许多国家开始建造新的破冰船，部分之前没有破冰船的国家也开始建造。拥有破冰船数量最多的俄罗斯用强劲的核动力破冰船壮大舰队，其中包括一艘有史以来最大的破冰船——"俄罗斯"（Rossiya）号。它始建于 2019 年 7 月，长 200 米，宽 50 米，将于 2027 年下水。它在海冰中留下的航迹能够容大型货船通过，比如西伯利亚地下天然气开采站的大型货船。目前仅有两艘破冰船的美国也计划新建数艘破冰船，而中国的"雪龙"号最近已经有了另一条雪龙——"雪龙 2"号做伴。科考计划迫于新冠疫情做出调整之后，除了德国本国的"玛利亚·S. 梅立安"号和"FS 太阳"号以外，只有一个国家的破冰船为漂流一年的"极地之星"号运送补给。它们就是久经考验的俄罗斯破冰船——"费多罗夫院士"号、"德拉尼岑船长"号、"马卡洛夫海军上将"号与"特列什尼科夫院士"号。

生历程的三幕音乐剧。人群聚在一起，这就是冰脊。然后一个扮演太阳的人上场，将她手上的光子撒在冰上。另外有人扮作"哔哔"作响的测量仪器，详细地记录着这一切。春季，浮冰戏剧般地裂开，观众们不仅不觉得寒冷，还爆发出热烈的掌声。最后，演出以一首喧闹而有力的歌谣作为华丽的终曲。这首歌模仿了皇

后乐队的《波西米亚狂想曲》，歌唱的是一块浮冰的灵魂。在座
所有人都激情洋溢。热烈的掌声与喝彩声与一位科考队友的生日
派对无缝衔接。

2020 年 6 月 4 日　第 259 天

今天晚上，我们望见了地平线上的"极地之星"号！它很快
向我们靠近。"货运架"咖啡厅和各小组精彩的表演让我们在这
里的时光充满欢乐，以至于很多人都开玩笑说，"极地之星"号
还可以在海冰里多待一会儿。这些天确实非常美好，我们根本不

觉得自己是在"苦等"。在这个团队里，完全不用害怕无聊和消
沉！再加上天气晴好，我们得以越来越频繁地望见斯匹次卑尔根
岛上的山峦与冰川。鲸群时时环绕身边，有长须鲸、座头鲸还有
小须鲸，在它们上空盘旋的飞鸟比鲸鱼还要多得多。大西洋的洋
流里很可能裹挟着营养物质，因为凡是洋流流经的海域里都生物
蓄盛。

早上，我们终于和"极地之星"号、"FS 太阳"号一道驶入
峡湾。真是激动人心的时刻——德国现有的三艘大型科考船全部
聚齐，正在列队行进。"极地之星"号在前，"玛利亚·S. 梅立
安"号和"FS 太阳"号跟随在后。一个共同的目标将它们联系
起来——即便在新冠疫情下，也要把 MOSAiC 计划继续进行下
去。现在"极地之星"号就近在眼前，仿佛一个不可能的梦已经
实现。然而这一切都是真的，我们很快就要登上这艘船了。当世
界上其他地方的大型科考都中断的时候，MOSAiC 计划真的还能
继续。很多人都不相信我们能做到这一点。可是现在我们很快就

可以去到北冰洋深处，把疫情抛在脑后了！

加油开始了，"极地之星"号加了2800吨燃料。小艇在峡湾内穿行，把人们从一艘船运载到另一艘船上。"玛利亚·S. 梅立安"号和"FS太阳"号按照复杂的次序靠向"极地之星"号船边为其加油，因为物资也需要在轮船之间转运。很快我们就准备好迎接接下来的任务。

2020年6月8日　第263天

昨天通过船上的视频召开了一场媒体见面会。联邦研究部部长安雅·卡利策克预祝我们在下一航段以及整个科考中一切顺利。她一直和我们保持着联系，圣诞节和复活节时都向船上的人发来了慰问视频。我们能够在新冠疫情下坚持科考，离不开卡利策克部长的大力支持。

213　　我们相互道别，给两艘船上帮助过我们的伙伴赠送了一些小礼物。这些日子里，这两艘船已经成了我们的家园。大家一起喝了香槟酒，然后就出发了。起先三艘船一同驶出峡湾，然后"玛利亚·S. 梅立安"号和"FS太阳"号在峡口向南而去，"极地之星"号则向北航行。三艘船在分别前最后一次拉响汽笛，亲爱的朋友们消失在地平线上。我们又是一叶孤舟了。

2020年6月9日　第264天

夜里并不安宁，迎面有强劲的北风，"极地之星"号欢快地摇晃着。

接近中午时我们抵达了海冰边缘区。起初只看见杂乱堆砌着的零星浮冰。大家都来到甲板上，等待着进入浮冰的时刻。我们沿海冰边缘向东北方向航行了大约两小时，然后转向正北，径直驶入海冰。海冰变厚了，出现了封冻的冰面，不过水道仍然纵横密布，其中鲸鱼麇集。有一头鲸鱼就在我们旁边将头探出水面。它可能是想看一看，那个横穿它栖息地的钢铁怪物在水面上究竟是个什么样子。也许鲸鱼也是有好奇心的。它探出头以后又潜入水中，大概是因为不喜欢我们发出的噪声。好在我们快速穿越了它的领地，不再打扰它。

2020 年 6 月 12 日　第 267 天

这一天无风，海冰上雾气笼罩，不过只有薄薄的一层，依旧能看见头顶碧蓝的天空。阳光穿过雾气，使得四周的冰原都笼罩在神秘而黯淡的微光里。前几天海冰中还有一块块开阔的水域，现在也不见了。越往北走，海冰就越多越厚。巍峨耸立的冰脊在雾中莹莹发亮，呈现出介于蔚蓝色、绿松色和纯白色之间的光泽。堆叠于冰面上的冰块在轻纱般的白雾笼罩下时而恍若仙宫，时而又好像异兽。

一路陪伴我们的大群三趾鸥变得稀少了。海鸥们察觉到我们是要去不属于它们的地方。我们的目的地是北冰洋深处的冰雪之原。而这些海鸟栖息在海冰边缘区，它们在那里开阔的水道中寻觅鱼类。 214

海鸥们喜欢破冰船。破冰船破冰时会把藏身于冰下的鱼类卷入开拓出的水道中。"极地之星"号强劲的船身常常将整块浮冰翻转过来，这时小鱼们就会落到浮冰上，活蹦乱跳。几秒钟以

两只三趾鸥争抢一条鱼。这条鱼刚刚被"极地之星"号翻卷出它在冰下的藏身之所。起初还有大群海鸥一路相随,当我们进入海冰深处时,它们就折返离去。

后,它们便成了一只幸运的海鸥的盘中餐。前些天里,这样的戏码在不停上演,始终伴随着几十只海鸥锐利的鸣叫声。然而现在我们已经与海鸥分道扬镳。我们的目的地不适宜海鸥生存。这些鸟类朋友们成群地调转方向,飞回更加宜居的地方。四周的景色逐渐变得寂静而肃杀。

我坐在甲板上,看着沿途掠过的海冰。搭乘"弗拉姆"号前往北极点的尝试失败以后,弗里乔夫·南森与他的伙伴亚尔马·约翰森正是一同滑雪穿过这边区域,前往能够拯救他们性命的陆地。他们曾艰难地翻越过船外每一道冰脊。不过正是在这样冰脊密布的冰面上,他们反而可以顺利前行。而穿越我们前些天路过的冰面时,那一定是一场噩梦。在由水道、浮冰和冰脊组成的无穷迷宫里,南森和约翰森步履维艰。他们不得不一天之内无数次把皮艇放下水,把所有行李和物资装到皮艇上,渡过水道以

215

230

后再把皮艇拖到雪橇上然后继续往前，直到走到下一条水道。终于他们放弃了，认识到他们是走不到终点的。为了保存体力，他们在原地等待着夏末的到来，然而干粮一点点消耗殆尽了。他们捕杀了一只海豹，因此得以支撑到海冰完全消融。然后他们划着皮艇到了法兰士约瑟夫地群岛——得救了。

我们的目的地则正好相反——一路向北！科考营地正在那块家园般的浮冰上孤独地等待着我们归来。我们也想要尽快继续测量工作。进度不错，一夜之间前行了很远。我们已经穿过了北纬82度纬线，距离目的地浮冰仅45英里（约72千米）。

2020 年 6 月 14 日　第 269 天

昨天起，因为海冰压力过大，我们停止前进，随洋流漂流。起初我们还尝试不断地冲撞海冰。几小时后，我们选择放弃，关闭了发动机。我们利用这段等待的时间开展科学研究。我带着科研组下到船旁边的冰上，安装好设备，钻取冰芯。再次回到冰面上的感觉太好了！接下来的几天里我们都在做这项工作，同时遭遇了几次北极熊来访。

今天终于等到了适合飞行的天气。我们的 MOSAiC 主浮冰已经在直升机的航程内了！我和同样参加了第一航段的马修·舒佩一起乘直升机回到了我们亲爱的浮冰上。我先指挥飞行员绕着整块浮冰飞行，然后又绕着那块"极地之星"号自 2019 年 10 月以来在此停留了 4 个月的薄弱区域飞行。正是在这个地点，海冰在剧烈的剪切带运动中碎成许多小块。然而这块浮冰坚固的核心区域，我们的"堡垒"状况依然良好，非常稳定，没有出现裂

216

隙。这块浮冰正如我去年 10 月份选中它时预计的一样稳固。"堡垒"直到 2020 年的夏天都依旧是一块可靠的平台。当周围较薄的区域破碎以后，科考营地的一部分还是坐落在"堡垒"中。而对我们来说意义重大的幼年冰观测点也仍然与"堡垒"相连，可以到达。自科考开始，我们就在这里采集海冰样本并进行测量。我们在这里的工作可以无缝衔接上！留在科考营地里的仪器也都还在。"极地之星"号离开此地去接收补给时，它们在自动运转，一刻不停地搜集着重要的测量数据。所有仪器都完好无损，下方的冰面坚固稳定。

概览浮冰全貌后，我在"堡垒"中确定了一个降落点，然后直升机就垂直降落在冰上。马修和我走下飞机后，它又起飞，而我们也开始了勘探。

好奇特的感觉啊！我们站在这块浮冰上，以前只在冬季彻底的黑暗与阴沉的严寒中见过它。这是同一片冰面，但怎么看那时都像是在另一个星球上。这是同一片冰面，它已经在北冰洋里漂流了上百千米，然而上面也许还留有我们的足迹。可是现在我们站在极昼和煦的阳光下，天气在北极称得上温暖，0 度左右，第一次在光明中得见这片风景。

眼前的景象仿佛拼图。冬季黑夜里的旧图像又浮现在眼前，遮盖住了眼前所见，但是两者实在无法重合。我还能认出当时用来在冰上辨认方向的几道冰脊，但其他真的完全认不出来——完全是两种印象。我找到了一面自己在黑夜里插在冰上的旗帜，它还在原地，但是周围已经换了天地。这种感觉无法形容。我们又回到了科考营地！

一头北极熊妈妈带着它大概只有几个月大的幼崽来访。两头熊都在好奇地东张西望，想看看它们的栖息地里来了什么东西，不过之后它们就对我们的活动显得若无其事了。

我们登山一般攀上一道高高的冰脊，犒劳我的是眼前一片美景。依旧处于封冻中的洁白冰原伸向远方，银光闪闪直至天际。这片冰原在光明中显得那么崇高，衬得人是那样渺小。它广阔得仿佛在空间上无边无际，在时间上臻于永恒。

放弃前往北极点以后，南森于 1895 年 7 月 24 日在我现在所处位置的西南方第一次望见了陆地，那是法兰士约瑟夫地群岛上的山岭。他写道："时隔近两年，我们越过那条似乎永无尽头的白线，再一次望见了略有起伏的地平线。而那条白线已在这片孤寂的海中绵延数千年，而且仍将绵延数千年。我们即将离开海冰，身后不会留下任何痕迹，因为我们的小艇在这片无垠旷野上的航迹业已消散。我们将开始新的生活，而海冰依然如故。"

但是他大错特错了！即便这片冰原看起来无边无际而且永远存在，但事实并非如此。它有边际，而且正在逐渐缩小。在我的西南方，就是南森写下这段话的地方，他以为那里的海冰亘古未变而且未来也永不改变的地方，就在南森之后一百多年的 2020 年 7 月，冰面裂开了，露出一大片洋面。海冰正在撤离这片区域。人类活动使得地球气候变暖，那里已经没有海冰的立足之地了。海冰还能在我现在站立的地方坚守几时呢？当我的孩子们来到这里时，他们的眼前是否不再是无垠的冰原，而是开阔的洋面呢？海冰可以永恒存在，这只是个错觉。

然后直升机到了，将我从思绪中拽出。飞行员望见起雾了，我们必须即刻返航。我们跳进机舱，飞行 50 海里（约 90 千米）后回到"极地之星"号上。我们千回百转，在梦幻迷离的光线中穿过团团雾气组成的迷宫。下方冰面上的光线在不停地变幻，光斑在白雾中移动闪烁。终于"极地之星"号显现出来。

它两天后就会抵达我们的浮冰。

第九章　万里冰融

2020 年 6 月 17 日　第 272 天

在原地与海冰奋战好几天后，我们终于望见了目的地——我们的浮冰！在白茫茫的一片中，它很好辨认，上面还有营地的痕迹，四处散布着各种设备。8 点 15 分，将与我们一同坚持到科考结束的托马斯·翁德利希船长堪称完美地驾船驶入浮冰。同时，劳苦功高的第三航段科考队员们已经返回了不来梅港。

按照计划，轮船先停在一个暂定的位置上。我们从这里出发勘探整块浮冰，根据勘探结果最终确定轮船的停泊位置，再把船移过去。我们于 2019 年 10 月初次来到这块浮冰上时就是这样操作的。10 点钟，舷梯放下，我们下到冰上。我和一组队员绕着整个"堡垒"区走了一圈，对这一片的海冰结构和可能的营地重建地址有了一个大略的整体把握。"极地之星"号离开前把大部分

营地设施都撤回了船上。

2020 年 6 月 19 日　第 274 天

昨天细致地勘探了浮冰以后，今天上午大约 9 点 30 分，"极地之星"号抵达了营地新址旁的停靠点。昨天晚上我们就从浮冰西侧移到了东侧，并且驶入了浮冰一段。我们对那里的冰况不太满意，因为船尾附近的冰面有多处破碎，导致我们无法很稳定地停在浮冰里。

所以今天我们又稍稍移动了一下位置，现在船的右舷与浮冰相接，稳稳夹在左舷一侧的冰面与这块浮冰之间。浮冰的位置一旦改变，我们即使还在冰面上作业，也能启动船头与船尾上的推进器，以此保持我们在浮冰上的位置。在即将到来的夏季，海冰开始融化以后，轮船就不能像现在这样依靠冰锚固定在浮冰上了。那时冰锚会从融化的冰上脱落。

现在，之前的"堡垒"区域构成了这块浮冰的主体部分，不

"极地之星"号抵达了 MOSAiC 浮冰。现在是夏季，极昼里的浮冰一天比一天明亮。220

221

237

过在西部和南部还有一片"L状"的幼年冰区域。这些幼年冰主要由第一航段时的水道冻结而成，现在仍然与"堡垒"相连。这片区域当然不那么稳定，随时可能破裂。不过现在它们是研究一年冰的绝佳样本。我们最重要的取样站之一就在这里。去年秋季水道开始冻结成新冰时，我们就对这个区域进行过彻底的测量，所以现在我们可以记录下海冰从形成开始的完整生长历程。全年连续不断的观测正是 MOSAiC 不同于其他科考的独特之处。

浮冰比较老旧的区域上满是沉积物，局部已呈现出棕色。这种现象将随着夏季融冰变得更加明显。海冰融化时，被冻在其中222的所有沉积物会向浮冰表面聚集，使其颜色变深。

这些棕色区域虽然显得有些脏，却是一个自然过程，在拉普捷夫海及其相邻边缘海中蕴含沉积物的浮冰上很常见。这些较浅的边缘海中，海底沉积物往往被

浮冰边缘区处的"冰雕"。

科普小贴士

单骑归家路

第三航段的科考队员们于 6 月 14 日抵达不来梅港时，已经颁布了许多与新冠疫情相关的旅行限制令，大部分国际航班停运。尽管如此，大部分科考队员在回家的路上没有遇到太大的阻碍——除了一位来自圣彼得堡北极与南极研究所（AARI）的俄罗斯同事。因为最早一班前往俄罗斯的航班也要在两周以后，于是整个 AWI 研究所都动员起来，帮助他尽快回到妻子和小女儿身边。一位 AWI 研究所的女同事从边境警察那里得知，可以从芬兰乘坐私人交通工具进入俄罗斯。她当即从"易贝"①上高价买下了一辆可折叠自行车，在不来梅港的机场里把它塞给那位俄罗斯同事。他把车胎装在额外的行李包里，几经转机飞到赫尔辛基，又从那里换乘火车前往边境城市伊马特拉（Imatra）——直到傍晚时分，他才到达。借着行将消失的日光，他在陌生的道路上行进了十千米才到达边境。一路上因为行李重达 25 千克而自行车又太小，行李总是掉下来。他不得不一次又一次把行李捡起来系牢。虽然他顺利离开了芬兰的关卡，在俄罗斯口岸又被边境官员给扣住了——他打算乘出租车走完剩下的前往圣彼得堡的路途，但这位边境官员觉得此计划不太可信。而这位科学家刚刚经历了五个月的极地科考，估计他当时的外形不会给人留下什么可靠的好印象。所以他不得不在一张椅子上坐了四个小时。终于边境官员们发了善心，帮他叫来了翘首期盼的出租车。他终于在凌晨 3 点 30 分回到了位于圣彼得堡的家中——把他的家人拥入怀里。

---

① 国外一家知名二手物品交易网站。——译者注

风暴卷上海面后又被正在形成的海冰冻住。这些海冰简直是整个北冰洋的沉积物传送带。

而这条巨大的传送带越来越频繁地罢工,对北冰洋的生物地理化学环境造成了巨大影响。我们的浮冰是一个例外。这座棕色的小岛被四周年轻得多的浮冰环绕。这些年轻的浮冰颜色纯白,因为它们的历史还不能追溯到拉普捷夫海。我们在测量中无比清晰地看到了二者的差别,因为我们直接对比了"L状"区域边缘上的幼年冰和浮冰核心区域里较老的冰——旧世界与新世界比邻而居,对科研实在是一大幸事。

浮冰核心区域的深色冰面会吸收更多辐射,所以这里的海冰更早开始融化。这块区域在卫星地图上也非常突出,上面已经出现融化坑。融化坑在这里出现得比在附近区域和边缘的幼年冰区域更早也更明显。

稍后我们在多个地点发现了成堆的鹅卵石和半径达数厘米的石头。我们亲切地称其为"咱们的石头"。这些石头是如何来到北冰洋中的浮冰上的呢?距离这里最近的陆地可有上千千米,冰下的海水也有4000米深。正是它们证明,这块浮冰来自与海滩或海底直接相连的较浅的海岸区域,也许在新西伯利亚群岛一带。一些石头上覆盖着海藻,上面还有贝壳。新生的一年冰与"堡垒"的两年冰的反差如此之大,有助于我们详细研究沉积物对冰面上、冰内部和冰下辐射的影响。

223　　船上的气氛很好,这在艰难时刻会大有益处。艰难时刻一定会来的,因为轮船不会一直像现在这样稳稳地停在冰上。

2020 年 6 月 24 日　第 279 天

　　好几个多雾的日子过去后，云层终于散开，蓝天将浮冰浸入艳阳熠熠的光辉里。三天前是夏至，北极的太阳高悬于地平线之上，一天 24 小时围着我们运行，将光与热洒在冰面上。

　　与冬季相比，现在简直是色彩大爆炸！那时在黑暗中，一切不是黑色就是头灯灯光下刺眼的亮白，而现在浮冰就像打翻了调色盘一样五光十色。密布冰面的小融化坑呈现出在色谱上介于绿松色、莹绿色和水粉蓝之间的各种色调。另外还有无数种色彩，只是没有足够的词汇来形容。每个融化坑里的颜色都不尽相同。在大一点的坑中，各种颜色融合在一起。在蔚蓝色或绿松色的水坑里，常常出现一道道颜色较浅的水域，那是因为坑底有冻结时间更早的水道。融化坑中变幻无穷的色彩可以让我痴痴地看上几个小时。头顶之上，太阳从天上泼洒下金黄的阳光。冰面颜色从亮白到深深浅浅的赭黄、米黄再到浅棕，不一而足。仿佛经过精心设计与搭配一般，冰面的赭黄色系与融化坑中的蓝绿色系堪称绝配。要是有个画家在场就好了！没错，随着沉积物增多，冰面的棕色逐渐加深。我在勘探途中搜集了一些鹅卵石，以备回到陆地上做进一步的化验，另外还收集了一些比较大的石块。回到船上，我把这些收获在桌上铺开时，看起来简直像一片鹅卵石滩，各色各样的鹅卵石都有。

2020 年 6 月 28 日　第 283 天

　　上周的行程非常紧凑：我们迅速搭建起营地，尽快重新开始

收获颇丰的一天结束了，无
人机小组从冰面返回船上。
夏季的大规模融冰开始了。

225

规律的科研工作。去年秋季，我们选择在"特殊
的雪花"——这块独特的浮冰上建立基地，是个
多么正确的决定。我们的"堡垒"如预料之中一
般坚固，即便在夏季，周围的海冰出现多处破碎时，它依然是科
考营地的绝佳选址。

　　我们在这块浮冰的东南部稳稳地扎根下来，重建了整个科
考营地，还重新启用了多个之前的观测场地。考虑到即将到来
的融冰过程，我们在夏季格外注重营地的轻巧度和机动性。冰
面很快就会变成一片融化坑密布的海域，布设营地基础设施时
必须把这个因素考虑在内。我们用最短的时间搭建了一个便于
移动的科考营地。当浮冰开始大规模消融，到达其存在周期的
终点时，这样的营地方便我们对即将到来的变动及时做出反应。
所有科考站通过可移动线缆接入电路，通过无线电网络接入船
上的网络。

　　科考营地沿"堡垒"的冰脊而设，这样即使夏季海冰消融，

各种设备也不会沉入海里。营地的主轴位于一道最坚固的冰脊之上。那里是干燥地带，远离融化坑密布的水域。"气象城"就在这里，气象桅杆重新竖了起来，周围还有几处能够用雪橇移动的流动站点，同样可以用于测量低层大气中的湍流。另外还有"海洋城"，其附近较薄的海冰上开凿有多个冰洞，可以从里面的水柱提取海水样本。从昨天起，"气球小镇"上空就飘扬着白色的对流层系留气球，场面颇为壮观。红色的"佩奇小姐"也在那里随时待命。遥感营地里的设备也都安装完毕，同样能够用雪橇移动。另外还有很多较小的科考站，比如地震观测、钻取冰芯、冰雪观测等等。

"ROV 城"里的"野兽"号已经潜入水下。另外还有一片区域，无人机在这里探测一年冰和两年冰。甲板上、桅楼上和船头上集装箱里的仪器都开始运转了。也许我们明天就能开足马力，开始常规的观测工作。按照计划，每个组一周要工作六天半。

两架直升机也都准备就绪。与直升机机组的合作十分愉快。多亏了机长、天气工程师和在陆地上协助我们的气象学家通力合作，我们总是能抓住极其短暂的适合飞行的天气。另外船上也配备了一名气象学家。机长时刻留意天气状况，一旦有飞行的可能，就立即联系陆地上的气象学家，真是功不可没。

虽然我们的浮冰已经向南漂了很远，到了北纬 81 度 51 秒，但依旧坚牢。到了一定阶段，我们肯定会希望它向北漂，但是目前根本没有迹象。我们在卫星地图上看见了从这里到北极点之间的水域。等到夏末，很可能会出现我们从未经历过的情况：从这里到北极点将出现一条开阔的海路！若果真如此，我们一定要将

"极地之星"号在 2020 年
6 月底的 MOSAiC 浮冰上。
已经开始出现融化坑，不过
融化坑坑底尚未融穿。

它记录下来，并且利用这个机会研究该过程。也
许未来北冰洋都会是这样，实属不幸。

2020 年 7 月 2 日　第 287 天

　　我正在勘测"家园浮冰"的途中。融冰的迹象随处可见。北
冰洋夏季的大融化正式开始了。这是北冰洋生命周期的组成部
分。它的海冰总是在冬季冻结延伸，在夏季融化撤退。海冰周
期就是北冰洋跳动的心脏，其节奏已经陪伴我们的地球数百万
年之久，在太空中都能观测到这种运动。火星也有类似的"心
跳"——位于背朝太阳一面的"冬极"处，存在状如白色冰盖的
固态二氧化碳。

228　　　　所到之处，海冰都在消融，都在滴水。每一块冰块上，每一
道冰脊上，每一个闪着深蓝色光芒的冰窟里都挂着长长的冰柱。
连续不断的轻轻的"啪嗒"滴水声取代了绝对的寂静，成为北极
的背景音。有的融化坑延伸至浮冰边缘，在冰面上开掘出一道道

科普小贴士

北极腹地的天气预报

人们很少会像在北极科考中一样依赖天气预报。北极的天气变化急剧，对冰上人员和飞行中的直升机是很大的威胁。欧洲人口密集，但是观测天气数据的气象站却分布稀疏，北极则与之完全不同。"极地之星"号上有专属的气象学家和气象分析师。他们每天会收到多份卫星地图、天气预报模型的预测结果以及来自全世界的观测数据——各国的气象服务站正是依据这些资料进行天气预报的。另外，每隔六小时还会从船上向空中放出一个气象气球。这只气球搜集到的数据也会被输入世界气象站的网络里。在网络上的地图里，"极地之星"号就是北冰洋中心一个孤孤单单的小点。气象学家会一天多次根据天气预报模型的数据和气象分析师的观察结果进行天气预报。没有气象学家，"极地之星"号上的任何一架直升机都不能起飞，任何人都不得进行远距离勘探活动。

活泼的蜿蜒细流与水声潺潺的曲折小溪。这块浮冰上不久就会出现融穿冰底的融化坑，这样今年第一批直通海洋的自然冰洞就诞生了。然后融化坑里的水会从坑底全部汇入海洋。

现在融化坑里的冰融水也正在通过冰中的小裂隙下渗。海冰下方由此形成了一个淡水层，与其下密度更大、温度更低的海水之间有明显分层。在潜水机器人拍摄的水下图像中，两个水层之间的分界面清晰可见——那是一个平坦、略有起伏且反光的水中平面。

海冰下方的淡水会再次冻结！海冰底部的温度仍在零下 1.7 摄氏度，这是海水的冰点。而现在海水之上有了在 0 度即结冰的

229

淡水。结冰的淡水在海冰底部形成一根根巨大的冰针。冬季，我们曾费尽力气防止用于投放仪器的冰洞的上部封冻，而现在被封冻的是冰洞的下部！结冰过程中释放的热量是能量守恒的一个重要参数。既然人为钻开冰洞之前，海冰下方就已经有淡水层存在，由此我们推测这个淡水层的主要成因是自然的排水过程。不过也不排除这样的可能，即我们钻开科考所需的冰洞时，加速了自然的排水过程，增加了淡水层的水量。

气温在 0 度上下，阳光明媚，我在这片遍布海冰与色彩宜人之地信步而行，对眼前的一切难以置信。就在半年以前的同一地点，我身处黑暗，恍若置身外星球。而今天这里天气温暖，无论做什么都轻松简单。再也不用穿上层层叠叠太空服般的衣服才敢外出。出发前再也不用检查两三遍戴没戴头灯、备用灯和备用灯的备用灯——在极夜里要杜绝头灯突然熄灭，骤然处于黑暗中的状况。可现在，我们的太阳就在天上，绝对可靠。即使我们没有任何工具，它也会照亮我们回船的路，而且全天无休。这一天将要结束时，我们在冰上打了一场畅快的雪仗。

2020 年 7 月 3 日　第 288 天

我们依然稳稳地停在浮冰上。时不时会有北极熊来访，通常是在夜里冰上没人的时候。所有来访的北极熊都只是探了探营地就走，我们根本不用把它们吓走。只有昨晚凌晨 3 点 30 分左右，有一只北极熊开始啃咬雪地摩托车的座位。为了保护它，避免它吞下海绵，我们立即用闪光弹把它赶走了。过程很顺利，它没有什么别的反应，径直走了。

230

2020 年 7 月 5 日 第 290 天

我们周围有了生机！现在天空中时时有鸟儿飞过。开阔的水域里常常探出海豹的圆脑袋。北极熊们显得很有教养。它们虽然常常造访，但总是很快就目标明确地大步离开了，既没有造成设备的损害，也没有把科学家们当成盘中珍馐。我们长长的渔线现在也经常从几百米深的水中钓起大鱼。生物学家吉乌莉亚·卡斯特兰尼（Giulia Castellani）会定期从冰洞中钓鱼。对这些鱼类的第一批分析结果显示，它们的健康与营养状况良好。这些鱼类的育儿室就在我们脚下。海冰底部的缝隙与孔洞里藏着无数小鱼。我们在水下摄像里看到过它们，有时在裂隙中也曾亲眼得见。

※ ※ ※ ※ ※

北极居民

自然环境中的北极熊会深深吸引每一个得此良机的观察者。我曾在北极各地观察过它们很久，看它们在栖息地里闲逛，又或是几个小时一动不动地蹲守在冰洞边，只为等待海豹的出现。

北极熊当之无愧地高居北极食物链顶端。而这条长长食物链的底端就在我们脚下，藏在海冰之中或它的下方。水中游动着无数浮游生物——病毒、细菌和原始细菌。原始细菌与细菌类似，但是没有细胞核，在地球上仅存于极端环境中。人类看不见这些单细胞生物，有的东西却可以。我们的水下机器人在每次航行中都能看见海冰底部有一片片长长的绿色、棕色和橙色海藻，形如地毯，日益增大。它们又像长达半米的胡须一般，在水中缓缓地漂荡和生长。用术语解释，这种现象的主要成因是"Melosira arctica"，即硅藻类的大面积繁殖。它们也是单细胞生物，不过单个的硅藻连成了链条状，以获得更大的生存几率。另外硅藻还能产生出一种物质，保护自身免受海冰沟槽中的盐碱腐蚀。这些沟槽产生于海冰的冻结过程。藻类如何在养料匮乏的北冰洋中生长繁殖？北极高纬度地区的藻类是否与纬度较低地区的藻类一样可以形成毯状物？这些正是本次MOSAiC计划试图解答的问题。

除了硅藻，海冰的缝隙中还生活着其他浮游生物。它们中有的是仅显微镜可见的微生物，有的体型则大一些，比如桡足类动物、端足目动物以及学名为"Boreogadus saida"的北极鳕鱼——这是地球上栖息地最靠北的鱼类。我们在水下机器人拍摄的录像里看到了北极鳕鱼在北冰洋中的育儿室。浮游植物将太阳能转化为大量的生物。小虾小蟹一类的浮游动物和小鱼以浮游植物为食，彼此也相互吞食。冰下的生命在夏季盛放，迎来了它们的节日。这些小生物是周围体型更大的生物的基础。鱼类吃浮游生物；海豹和鸟类吃鱼；北极熊吃海豹。万物各归其位，缺一不可，一旦有一环断裂，整个生态系统都会受到威胁。北冰洋生态系统与热带雨林生态系统一样奇特，只是更难接近。然而随着我们人类排放温室气体，致使地球变暖，海冰减少，北冰洋生态系统面临消失的危险。

※　※　※　※　※

一头北极熊视察了我们的科考营地，然后继续它的漫游。

2020 年 7 月 7 日　第 292 天

　　船舱的音响里播放着"药丸夹"（Pilleknäckeren）乐队的音乐，我正在写日记。终于有了一个久违的悠闲晚上。我坐在舒适的船舱里，夜里的阳光从一扇扇舷窗里倾泻而入，窗外的海冰沉寂不动。各个科研组结束了一整天高强度的工作，回到船上。"药丸夹"乐队成立于 20 世纪 90 年代初哥廷根[①]的酒馆里，如今早已解散。不过我 1994 年首次前往南极科考时，带上了当时他们出的唯一两盘磁带——《红》与《黄》。当我在甲板上的观测集装箱里分析样本时，一直循环播放着他们的歌。船外的冰山和鲸群与我擦肩而过。从此以后，我就把"药丸夹"的音乐和极地联系起来。音乐和气味一样，可以与特定的情境相关联，唤起人的回忆。

　　现在船上也有当时一同去往南极的伙伴。当年我在船上最好的朋友一定非常愿意和我们一起参加这次科考，只是她的人生道路折向了别的方向。我在北极期间，她去了我家做客，说她很想来北极。写下这些文字的同时，我愈发意识到，我们得以深入了解和研究这片奇境，是一项多么大的特权。这里的工作繁重，漫长的科考过程充满艰辛。然而在这里的每一刻，我都不愿与世界上任何其他人交换。

　　我们在这里见证着一个正在消逝的世界。我们的子孙还会在夏季的北冰洋里看见海冰吗？我们还得以看见一些。只希望人类

---

① 哥廷根（Göttingen），位于德国北部的下萨克森州，是一座大学城。——译者注

能够及时迷途知返，尽快终止无所顾忌地排放温室气体的疯狂。那样的话，也许我们还能为后代保住这片冰雪世界，否则它将随着我们的时代一同逝去。

我驱散这些阴郁的想法，看向窗外阳光下的冰上风景，煞是迷人。海冰还在！我们的问题越来越急迫了。这块浮冰还能坚持多久？它即将到达其周期的终点。现在我们距离海冰边缘约 75 海里，不到 140 千米，正在向那里漂流。夏季海冰面积缩减，海冰边缘也正在向我们迎面而来。这块浮冰就要漂到它的末路了。今年夏天它会抵达位于弗拉姆海峡内的海冰边缘区，然后被那里的海浪拍碎，最终彻底融化。

到达浪区后，这块浮冰开始瓦解。我们必须拆除建在上面的所有帐篷。但是还有一项任务没有完成：2019 年 9 月底，本次科考开始时，海冰已经冻结。我们错过了结冰过程的开端，错过了这块浮冰的诞生初期。现在我们想补上这一段，弥补北冰洋全年周期里这一段的研究空白，就像拼上拼图的最后一块一样。在 10 月中旬科考结束以前，哪里的海冰首先开始冻结呢？我们将把那里作为研究的重心。那当然是北极点附近的高纬度地区！所以那里是我们接下来的目标。

昨天我与船长探讨了一下燃料状况。前几周我们在冰上静止不动，所以省下了大量燃料。如果这种状态能够再保持一个月，我们就会省下足够多的燃料，不仅能满足常规操作，还可以向北航行。我扫视着窗外看上去依旧稳固的海冰。这块浮冰还能再做我们的家园一个月吗？

234

伍·夏季

阴雨天的柔光降低了周围环境色彩的明度，模糊了海冰的轮廓。

第十章　冰上盛夏

　　下雨了。夏季北极的景象与冬季的千里冰封截然不同，气温在 0 度上下浮动。这很正常，并非气候变暖的后果。海冰在冬季形成，在夏季融化；在冬季扩张，在夏季缩减。这就是北极的心跳，与四季的节拍相和，亘古如是。只要冬季里形成足够多的海冰，它们就能撑过北极的夏季而不致消融。然而气候变暖打乱了脆弱的结冰与消融的周期。也许未来夏季的北冰洋将会成为无冰之洋，北极的心脏也将停止跳动。

　　现在冰原上的我们也正在经历陆地上常见的连绵阴雨。不过今天不同凡响。所有科研组通力合作，准备进行为期 24 小时的动态测量。从今天中午到明天中午，我们将持续测量容器中的降水。降雨加大了这项大胆计划的难度。雪地变成了一片黏稠泥泞

阴雨天，路易莎·冯·阿尔伯杜尔在一次为期 24 小时的动态观测中执行防熊任务。

238

的沼泽。冰上行走本就不易，现在更难了。在雨中待得一久，人都要泡软了。我们的极地工作服是为防寒设计的，防水性能一般，在雨中会被慢慢浸湿，到最后整个人都会湿透。

大家热情高涨，工作没有间断。12 点整，所有科研组准点聚在冰上，紧锣密鼓地开展测量工作。有的测量冰下，有的测量冰中，有的测量降雪，有的测量大气。为期 24 小时的动态测量堪称科研宝藏。还从没有人在一天中对北冰洋展开如此细致的测量。

下午雨停了，有一阵竟然还出了太阳。于是我们的直升机立即起飞，在空中进行测量。我们在这至关重要的一天里运气真好！但是仅仅 20 分钟后，直升机就报告说起雾了，又降落回船上了。很快从舰桥上就几乎什么也看不清了。能见度降至 200 米

256

左右，有时甚至只有 150 米。我们当即调整防熊方案，以适应新情况。如果能见度继续下降，我们将被迫中断冰上作业，因为这种情况下无法进行有效的防熊，不能保障安全。不过能见度保持不变，动态测量得以继续进行。

我在舰桥上值了夜班以后，凌晨 5 点时下到冰上去看看各组的工作情况。能见度变高了，又开始一阵阵地下雨。北极的天气说变就变。

"海洋城"里，防熊队员自始至终注视着湍流探测器，看它一次次浸入海中又升起。湍流探测器是一种顶部有蓬松的橘色毛刷的小型仪器。这项工作比较轻松。安全起见，同时也为了减轻无聊，我们还会安排另一个人坐在冰洞边陪着这台仪器的操作员，和他说说话，让他在漫漫长夜里的单调工作中没那么疲乏。很多人自愿报名当这种每小时轮岗的"海洋之友"，简直像冰洞边的"速配约会"。

　　在边缘模糊、一片浅灰的天空下，光影十分独特。晴日里鲜明的对比度消失了，万物蒙上了一层温柔如雪的滤镜。冰脊上堆叠交错的冰块下方闪闪发亮。厚厚一层的冻结水域令人诧异地呈现出蔚蓝色，而挂满冰凌的洞窟里闪着深蓝的光。

　　海冰学家路易莎·冯·阿尔伯杜尔（Luisa von Albedyll）正在执行防熊任务，守护着海冰组的同事们。MOSAiC 计划中，每个人都要轮流做防熊队员，所有人相互帮助，即便在半夜也不例外。冰上的氛围绝美，我与路易莎交谈了几句就继续往"生态屋"走去。

　　生态系统学家们正在这里对冰下生物的活动做 24 小时动态测量。测量在固定的时间点进行，每次测量的间隔中需要有人看守。所以他们在测量用的两个帐篷里接上了电路，还带来了咖啡机，把它们变成了惬意的冰上咖啡

2020 年 7 月 13 日，夏季浮冰上的两个系留气球。

厅。这间咖啡厅地板上的小冰洞里正在进行科学观测。我到的时候，一杯热气腾腾的咖啡已经在等着我了——我通知舰桥自己的行动计划时，他们通过无线电听见了。我们也向舰桥报告了我深夜来这里喝咖啡的事，这是出于安全考虑，谨防走失。虽然轮班时间长，但"生态屋"里气氛很好，通宵后清晨的咖啡香气真是舒爽。

不过"生态屋"的妙处远不止于此。只需摇动几下手柄，这座无底不透光的圆顶帐篷的窗户就会全部关闭，于是魔幻的氛围弥漫开来——海洋里的光映射在两米厚的海冰地面上。地面变得深蓝而耀眼，"生态屋"仿佛来自童话。冰上作业就这样一直持 241 续到星期六的深夜。晚上大家在"齐勒谷"庆祝动态测量圆满结束。

2020 年 7 月 12 日　第 297 天

夜里，"齐勒谷"里的庆祝会被突然打断了。将近午夜时，整艘船抖动了一下，海冰把我们向前推了一个船身的距离。冰上电路也发生了位移，我们即刻派出一支小队去切断电路，然后把电缆从船体上解开。迅速检视以后发现，我们的浮冰本身并无损伤，而且设备也没有严重受损。"极地之星"号的两台备用发动机开始运转，这样轮船的功率增大，可以更好地应对来自船尾的海冰压力，并保持原位。

然后，舰桥上骤然响起了火警！船上各处的防火门自动关闭。一系列自动程序开始运转，轮船也开启了自我保护模式，调整为最利于抵御火情的状态。对"极地之星"号来说，火灾绝对 242

是最大的危险。船上的火灾不啻一场梦魇——没有了船，我们就没有了安全的基地，就会搁浅在北冰洋深处易碎的海冰之上。冰下是数千米深的深渊。

舰桥上消防中心里的烟雾探测器显示，舵机室及其相邻舱室里有烟雾产生。这不是误报，而是真的——两台烟雾探测器不会同时出错，报告并不存在的火情。而且警报响起的同时，船舵也不动了。到底是怎么回事？

显然刚才船尾处有一块巨大的冰块朝着船下和巨大的舵叶推挤，导致舵机负担过重。液压泵无法承受其压力；液压泵上的密封圈裂开；泵中的液压油洒在周围滚烫的管道上；液压油汽化——这就是烟雾探测器向舰桥报告的"烟雾"。机房的值班人员立即前往舵机室，在最短的时间内用无线电汇报了那里的情况。与机房主管商讨片刻后，船长小心起见，关闭了全部两台舵机。现在舵机不再运转，轮船就不能转向了。

关闭另一台没有问题的舵机，这项纯粹出于谨慎的措施在冰上是可行的。海冰可能给轮船制造大麻烦，但也可能保护它。

在极地探索的历史上，有无数船只被海冰轧碎，船上的探险队员也因此丧生。不过对于我们这艘船体足以承受最强的海冰压力的现代破冰船来说，海冰反而也是一个安全的港湾。很多破冰船不适合在开阔的水面上航行，海面但凡有轻微的波动，它们就会剧烈地摇晃颠簸。"极地之星"号则不同。虽然它是一艘世界一流的破冰船，但它在开阔水面上的表现也毫不逊色。这是因为它有两套减摇装置。减摇装置是安装在轮船水下部分的小型活动叶片，可以抑制轮船的颠簸。不过现在我们还是很庆幸能够受到

243

海冰的庇护。如果是在开阔水面，一艘关闭了舵机，无法转向的船就只能无助地任由风浪与洋流摆布。在海冰里却不同——我们可以安心等待机器修好。

　　早上，舵机修好了。我与船长商量了一下，接下来应该怎么办。我们必须回到原来的位置。那里是电路的终点，也是科考营地的中心。然而船后有一堆大块的浮冰阻住了去路，我们无法后退。不过"极地之星"号强劲的船头也许可以把它们推开，拼杀出一条回到老地方的路来。可是要做到这一点，就必须先向前行驶，然后绕一个大圈，调转船头的方向。问题是，左舷一侧的较小浮冰上设有观测站网点，我们不能损坏这些浮冰，但又没有它们的确切定位，因为它们的 GPS 浮标已经很久没有发送信息了。

　　趁着雾气散开的短暂间隙，我在舰桥上测定了这些旧站点的位置，记录下它们的方位并估算出大致的距离。由于雾气太大，我无法用激光设备进行精确测距。不过我能够根据数据在海冰雷达上确定哪些浮冰上有我们的设备并做出标记。现在只需确定一条路线，它要可以穿过这片由浮冰和观测站组成的迷宫，领我们回到原来的位置，沿途还不能损坏设备。我们确定了一条巧妙的路线，然后打开轮船的全部四台发动机，开足马力前进。

　　我盯着海冰雷达，确保我们安全绕开观测站。船长娴熟地驾驶着船只沿着既定路线航行，灵巧地绕过一个个狭窄的弯道，一个观测站也没有损坏。同时雾也散了，我们得以直接看见观测站，当然就能更轻松地绕开它们了。

　　两小时后，我们的船头朝向那些阻住去路的大冰块，把它们向两边推挤开，不久我们就回到了原来的位置。一帆风顺！

2020 年 7 月 16 日　第 301 天

　　各科研组正要下到冰上，却突然从左舷传来发现北极熊的消息。这头熊很快靠近了，它绕过船头，发现了位于右舷一侧的厚厚的橙色电路，并开始玩耍起来。我们用金属棒敲击船体，制造很大的噪声，以此制止一切会对北极熊造成危险的船边活动。同时我从舰桥上派出一批携带信号手枪的人前往右舷一侧，我们所有的设备都在那里。它们还会去到主变电器那里，如果北极熊碰到了那里的大开关，整个电路都会停止运转。噪声只让北极熊疑惑了片刻，很快它的好奇心又卷土重来，径直向位于右舷一侧的遥感仪器走去。我用无线电命令防熊队员们做好准备。当北极熊开始攀着这些娇贵的仪器站立起来时，我下达了开火的指令。信号手枪精准地向北极熊近旁的空中射击，一枚闪光弹炸开。北极熊从仪器上猛地跃开，一路小跑着远离了船只。然而它似乎没有真的被吓到，又马上向几百米远处用于观测的雪橇走去。

　　那里在信号手枪的射程之外。于是我只有使出别的招数——汽笛。通常情况下不应该采取这项措施，因为北极熊会很快习惯汽笛声并且发现这声音没什么可怕的。关键是要找准时机。我手握望远镜，仔细地观察着这头熊如何靠近科考站。这时北极熊总是既好奇又紧张，它不知道面前的会是什么，不知道前方是否有可疑的或者真的有危险的东西。要用汽笛声成功吓跑北极熊，就要利用这种心理。恰恰就在它的好奇心盖过对未知的敬畏，北极熊开始小心翼翼地嗅着设备的杆子时，我摁下了汽笛的按钮。奏效！北极熊一下子从设备边跳开跑走了，然后不知所措地回头看

了一眼。显然它以为那个巨大的声音是它触碰设备造成的，顿时没有了继续探索的兴致。它慢腾腾地走到了一座位于另一片浮冰上的观测站——我们在那里研究两年冰——经历了上午的兴奋后，它直接在观测站旁的雪堆里打了个盹儿。它疲惫地眨着眼，看看我们是不是还在，足足有几分钟。除此之外，它显得十分放松，在它舒适的睡榻上感觉良好。看来闪光弹和汽笛声带来的惊吓没有持续太久。

小睡了一个钟头以后，它养足了精神，伸伸懒腰，又要继续探索这片在它的栖息地里突然出现的奇怪的新游乐场。我多想不去打扰它。但这头熊与之前的众多访客不同。它没有打探一下就对我们失去兴趣然后离开。它对在我们这里发现的一切事物都饶有兴趣，而且显然在这片新游乐场上越来越如鱼得水。这可不好。我们的各种设施对北极熊而言没有任何意义，反而会妨碍它捕猎海豹，而捕猎对它来说才是存亡攸关的大事。让它留在这里

遥感营地的远程探测仪器，它们能够鸟瞰冰面。背景中为对流层系留气球。　245

246

科普
小贴士

气候变化中的北极熊

北极是北极熊唯一的家园。19 个彼此隔绝的北极熊群落散布于加拿大和挪威的海岸、西伯利亚诸岛，甚至在北冰洋中央。它们已经高度适应了北极的生存环境，在冰上捕猎，在雪洞里产仔。它们赖以为生的，正是近几十年来愈发纤薄和短寿的海冰。北极熊恰好偏爱目前占比增加的较薄海冰，因为它们的猎物就藏身在较薄的一年冰之下——为了换气，海豹只能栖息在较薄的冰层下。因此目前有几个北冰洋中央的北极熊种群似乎受益于气候变化——不过也许只是暂时的。我们掌握的数据很少，因为北极熊这种生物要比它在陆地上的亲戚难计数和观测得多。如果全球变暖导致北极海冰在夏季完全消融，就会有宝贵的 26 000 头北极熊失去生存空间。假如我们不遏止海冰的消失，北极熊将会在几十年后灭绝。

是害了它。我只好让直升机做好起飞准备。

北极熊又奔着我们而来，再一次被厚厚的电路吸引。这一次是"ROV 城"外的电路。我立即关闭电路，并按照预案向它接连射击了多发闪光弹。橡胶可不是北极熊能吃的东西，我们必须进行干预！正如我们所料，起初闪光弹将它驱离了电路，但效果并不持久。于是我命令直升机起飞，向北极熊缓慢地飞去。直升机总是有效的。我们用直升机慢慢将熊从船边赶走了。当北极熊距离我们 1.2 海里（约 2 千米）时，直升机顺利完成任务，回到船上。在这样的天气条件下，它已经离开了我们的视野范围。下

247

午我调整了一下工作计划。在邻近北极熊最后现身的地方，我没有安排工作，从而降低了防熊任务的难度。然后各科研组下到了冰上。"ROV 城"厚厚的电路上有咬痕，这一部分需要替换。如果夜间北极熊没有再次出现，明天我们就能恢复正常工作。

夏季，北极熊也得不停地跨越无冰的水域。如果距离近，它们会跳过去；如果距离远，它们会选择泅水。

2020 年 7 月 17 日　第 302 天

凌晨 4 点，电话铃声把我拽离梦乡。那只北极熊又回来了！它正在向"ROV 城"迅速靠近时，我下令关闭电路。我们已经察觉到这头熊对于电路的偏爱。果不其然，北极熊径直走过去开始啃咬橙色的线缆。为了阻止它摄入橡胶微粒，我们发射了信号弹，把它驱离线缆。它小跑了一段路以后，又慢悠悠地走入正在升起的雾中。6 点 30 分左右雾气散去时，我们看见这头北极熊正在距船约 700 米处酣睡，偶尔眨眨眼。一小时后它依然睡在那里，又被变浓的雾气吞没。上午雾气再次散开后，已经没有了它

248

的踪迹。中午各科研组又下到了冰上，不过提高了警惕，对安全也更加注意。

2020 年 7 月 18 日　第 303 天

夜里，那头北极熊回来了两次。早上它也在。它百无聊赖地沿着浮冰边缘走，然后在那里躺下睡了。它似乎觉得待在我们身边十分惬意，我们可不这么觉得——上午我们又不能冰上作业。我们用直升机把这头熊驱赶了两海里远，穿过一片开阔水域，直到另一块浮冰上。11 点钟，冰上作业开始了。之后我们再没有见过这头北极熊。

现在我们四周到处都是开阔水域。这里只有 60% ～ 80% 的区域有海冰覆盖。现在我们的浮冰在水中自由地漂流，不过还没有任何松动的迹象。

从根据卫星数据每日更新的北冰洋海冰地图里可以看出，现在虽然尚处于融冰季早期，但西伯利亚附近的北冰洋里已经出现大片的无冰区域。不仅是巴伦支海里没有海冰——也算是这个季节里的正常情况——就连喀拉海、拉普捷夫海、新西伯利亚海①和楚科奇海（Tschuktschensee）都已经近乎无冰。这太离谱了。7 月中旬的北冰洋这一侧还从未出现过如此大面积的无冰区。有记录以来，今年 7 月 18 日的北冰洋海冰总量也少于之前任何一年的同一天。只有波弗特海里的海冰多于之前的某些年份。

这种海冰分布状况与去年冬天穿极流的流速较快有关。海冰

———————————

① 应为"东西伯利亚海"，原文误写为"新西伯利亚海"。——译者注

从西伯利亚沿岸的北冰洋更快地流向大西洋和加　2020 年 7 月中旬，冰上常

拿大附近的区域。几个月后，我们也许会在这里　见的光影。

看到去年冬季北半球异常的天气状况带来的影响，这也正是造成

穿极流流速加快的原因。整个系统环环相扣。去年冬天的异常大

风天气造成的影响会在数月以后显现于海冰分布上，而海冰分布

又会影响现在的天气。而且对海冰分布的短期影响会带来对冰里

和冰下生态系统的长期影响，还会导致海洋、海冰与大气之间的

能量与物质交换发生变化。所有这些后果又会反过来影响下一个

冬季的大气循环。

　　北极气候系统的所有过程好比一台精密时钟里严丝合缝的各

种齿轮，一旦其中一个过程遭到破坏，所有领域都会发生难以预

见的长期的改变。我们的使命就是要探究这台时钟如何运转，所

有的天气过程如何相互影响。我们想在计算机中复建这台时钟。　250

只有用气候模型成功模拟出这些天气过程的复杂结构之后，我们

才能预测某一领域的变化将对其他领域造成何种影响。我们的目

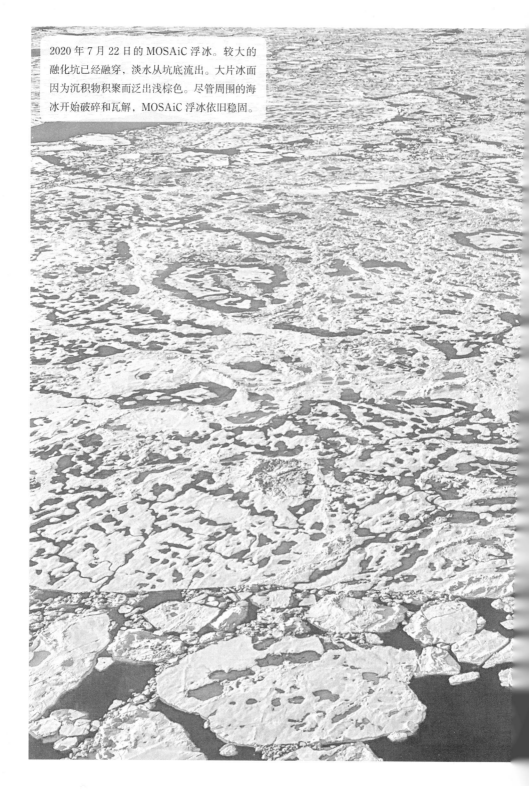

2020 年 7 月 22 日的 MOSAiC 浮冰。较大的
融化坑已经融穿，淡水从坑底流出。大片冰面
因为沉积物积聚而泛出浅棕色。尽管周围的海
冰开始破碎和瓦解，MOSAiC 浮冰依旧稳固。

"极地之星"号仍然稳稳地停靠在 MOSAiC 浮冰里。随着夏季浮冰表层融化，冰中的沉积物积聚在冰面上，浮冰逐渐变成象牙色。

标是在气候模型里准确地描述出这些齿轮。所以我们出发了。一切辛苦都值得。

白天，我们在冰上插上了所有 MOSAiC 参与国的国旗，把它们围成一个半圆。晚上，大家在冰上喝了热红酒，然后又回船上开烧烤派对，庆祝科考目前为止进展喜人。气氛也非常放松，大家尽情地跳舞作乐。不过一到凌晨 1 点就一切结束，所有人都回到了他们的小床板上。船上每个人天天都逼近极限地在冰上努力工作，因此大家都非常需要睡眠。这支团队太好了，在繁重的工作中依然能保持轻松愉快的心态，而且知道什么是当务之急。

251　**2020 年 7 月 21 日　第 306 天**

为了尽可能地利用我们在这块浮冰上所剩不多的日子，我们延长了工作时间。两天前我们增设了晚饭后进行冰上作业的夜班。今天早上 4 点，"气球小镇"和无人机站就开工了。接近

2020 年 7 月，俯瞰浮冰以及科考营地的一部分。

4 点 30 分时，有一只北极熊在雾中向那边靠近，在距离营地约 200 米时被防熊队员发现。我们迅

速组织了冰上撤离，过程顺利，舷梯升起。这头熊绕过船身到了左舷一侧后就离开了，消失在雾中。稍后雾散，那头北极熊便不在我们的视线范围内。我们的工作得以继续进行。

2020 年 7 月 22 日 第 307 天

又是早上 4 点开工的一天。天气晴好，太阳日夜不歇地炙烤着冰面。我们的浮冰上已是一片奇特的"湖景"。明亮的融化坑呈现出浓郁的蓝绿色，它们的表面在阳光下熠熠闪光。这些形状蜿蜒、边沿圆钝的融化坑覆盖了冰面一半以上的面积。我们在多地的融化沟上搭建了桥梁，免去涉水湿鞋之劳。无数小湖泊之间，海冰构成的雪白浮桥蜿蜒曲折，分岔繁多，圆钝的融化坑边沿勾勒出一座无边无际的迷宫——这就是北冰洋深处的盛夏。

我们继续向南漂流，距离海冰边缘区越来越近。在接近北纬80 度时，我们经过了格陵兰岛的东北角，并在弗拉姆海峡里以每天 8 英里的速度向西南方漂流。这里与我们东南方的海冰边缘区相距仅 45 英里。不过弗拉姆海峡西部有一道沿格陵兰岛东岸

7月底，冰上盛夏。浮冰已成为一片泽国。我们必须搭桥才能前往科考区域。

253

向南延伸的冰舌。目前看来，浮冰流似乎将把我们载往彼处。那么我们的浮冰就能存在更长时间，继续载着我们向南航行。可是我们终有一日会到达那个方向上的海冰边缘区，然后我们的浮冰的生命历程将会终结。它会在波浪的作用下破碎，被冲到开阔水域，在那里消融，重新成为海水——大约两年前，它正是从西伯利亚海岸边的海水中诞生的。

254　　预测浮冰破碎的时间点至关重要。所以我最近更加频繁地乘坐直升机前往海冰边缘区，研究下方海冰的结构。目前的海冰条件下，能够导致海冰破碎的波浪已经侵入海冰的深度是一个决定性的要素。从距离海冰边缘15海里处起，就能看出冰层结构的细微转变。大块浮冰的占比下降，碎成小块或碎为渣滓的浮冰逐渐增加。从这里开始，海冰似乎受到了波浪的影响。在距离海冰边缘约10海里处，冰面的景观画风突变。这里没有大块浮冰，只有极小的浮冰碎块。浮冰不再能抵御波浪的力量，纷纷破碎。

这个距离当然与海冰边缘之外开阔洋面上的波浪状况有关。如果洋面上有风暴掀起巨浪，那么波浪的影响力可以深入海冰中更远的地方，即使是距离边缘较远的海冰也会被击碎。为了免受意外的惊吓，我在每日天气简报里增加了北大西洋风浪预报。

在北极夏季里常见的薄雾中，经常会有濒临解体的浮冰。

　　在结束今天的海冰勘探后的回来路上，我们在梦幻般的斜阳中飞过一片广阔的冰原。遍地都是夏日的痕迹。从这个高度看去，覆盖了所有浮冰的融化坑构成了一种重叠繁复、线条圆润的蓝绿色花纹，颇为奇特。融化坑底部已经开始融穿，浮冰上都布满孔洞，仿佛瑞士奶酪。它们不再是完整一块，大部分浮冰已破裂多次。飞回"极地之星"号时，简直觉得我们的浮冰就是濒临崩坏的冰原上的一处稳固的庇护所。夏季海冰破碎之时，我们的科考营地依旧矗立其上。我还注意到，我们四周平坦的冰面都被水坑覆盖，几乎找不到一块可以在上面作业的大一点的干燥区域；而我们这块崎岖粗糙的老浮冰上的水坑都集中在洼地，地势较高

255

的地方仍然干燥。而我们恰好很有远见地把科考营地建在了高处。只有那片"L状"的幼年冰区与周围相同。我们只能穿着救生服小心翼翼地蹚过去，还要提防着脆弱而隐患重重的融化坑坑底。不过这片区域和浮冰的连接处仍然很稳固！

我们晚上9点半在船上降落时，我感到自己对这块近十个月来忠诚地承托着我们的浮冰有了情感上的联结。

2020 年 7 月 24 日　第 309 天

过去八天里每天至少有一次北极熊来访，大多数时候是一天几次。因为有时候要同时应付几只熊，所以我们只有根据当时的情况调整工作安排。冰上撤离对我们来说已经驾轻就熟了。

除此之外，我们还经历着海冰开裂和产生海冰压力的正常周期运动，不过规模不大，浮冰目前为止还没严重受损。周围的冰化开以后，我们的浮冰就在水上自由地漂浮。它的核心区域没有出现裂隙或变形，但是边缘已经开始被侵蚀了。融化仍在继续。我预计接下来破碎的将是由一年冰构成的"L状"区域。它位于浮冰的一边，面积较小。虽然我们还在每天视察这片区域，不过上面已经没有重要的设备了。原本那里唯一的永久性装置就是"ROV城"，今天我们把它移到了由两年冰构成的"堡垒"区域。科考营地的主要部分都在"堡垒"，它上面的冰山已经开始融化，冰峰都变圆了，不过眼下应该还是坚固的。现在我们距离海冰边缘约70千米，正在与其平行的方向上向南漂流。

我沿着船尾处的海岸线勘探我们的浮冰，然后又去了另一边，最后穿过浮冰中点到船上。薄雾笼罩。我在大部分路段都是

一人独行，不过始终处于正在冰上作业的同事们的视线以内。浮
冰中部宛若一片大漠，上面爬满了蜿蜒的干涸河床，美极了。我 257
在浮冰另一边的一座高高冰脊上驻足片刻。面前，浮冰碎块漂荡
在开阔的水域上，透过海水泛着绿光。四周一片寂静。浮冰边缘
处高耸起一尊尊诡异的冰雕，这是浮冰相互碰撞形成的。

　　只要海冰条件允许，我们就留在这里。一旦发生紧急情况，
我们有迅速拆除营地的方案。"特列什尼科夫院士"号也要从不
来梅港出发了。它将带来第五航段，也就是本次科考最后一个航
段的人员。我们肯定不会错过"特列什尼科夫院士"号，应该会
在弗拉姆海峡里或者斯匹次卑尔根岛附近与之会合。如果这块浮
冰在那之前就消融了，那么我们就在临时营地里作业，直到"特
列什尼科夫院士"号的到来，到时候就在附近的
浮冰上应付几天。也可能过几天我们就会接近海

MOSAiC 浮冰边缘处的
"冰雕"。

冰边缘，必须开始收拾东西了。毕竟这种事没人能够说得准。未来某时，当我们的浮冰寿终正寝时，我们就会从格陵兰岛岸边向北进发。不过这是下一个航段的事了。

※　※　※　※　※

北极圈里的人类

北极尽管酷寒而贫瘠，但依然有人类在此定居。这与南极不同，人类只是南极的匆匆过客。北极有 400 万居民，生活在北冰洋沿岸的陆地上。其中有原住民，比如分布于白令海峡到格陵兰岛的因纽特（Inuit）人（约 150000 人）、分布于西伯利亚的涅涅茨（Nenzen）人（约 40000 人）和雅库特（Jakuten）人（约 330000 人）、分布于斯堪的纳维亚半岛和俄罗斯的萨米（Samen）人（约 70000 人），以及分布于俄罗斯、蒙古国直到中国的鄂温克人（约 35000 人）。这些原住民居住的区域面积甚至大于欧洲。另外还有美国人、俄罗斯人、斯堪的纳维亚人和加拿大的"第一民族"[①]，即北美洲的印第安原住民。北极原住民的传统生活方式很好地适应了北极恶劣的自然条件，令人惊叹。然而气候变化给他们的生活与世代守护的家园带来了翻天覆地的变化。

海科·马斯（Heiko Maas）于 2018 年就任德国外交部部长时，宣布要将气候政策与气候变化导致的安全问题作为任期内的重点，以预防由气候变化滋生的外交

258

---

① "第一民族"指加拿大境内的北美洲原住民。——译者注

冲突，而不是被动地应对已经激化的矛盾。这是富有远见的良策。2019 年 8 月，他借赴纽约参加联合国安理会会议之机前往北极，并邀请我同行。从纽约乘政府专机回国的途中，我们降落在位于加拿大巴芬岛南部的伊卡卢伊特（Iqaluit），再从那里乘坐包机飞往巴芬（Baffin）岛北部的庞德因莱德（Pond Inlet）。

　　伊卡卢伊特和庞德因莱德都是因纽特人的小型聚落。因纽特人在人口约 40000 人的加拿大努纳武特（Nunavut）地区占多数。传统的因纽特人主要靠捕猎鲸鱼、海豹和北极熊之类的海洋及陆地哺乳动物为生。因为这里的土地过于贫瘠，无法发展种植业，所以其他食物都是通过航空运输进口到类似庞德因莱德这样的聚落。医生也是每隔几个月才会来访一次。在庞德因莱德上空，我们看见了许多小小的瓦楞铁皮屋，里面居住有近 1700 人。一下飞机，谢米里克国家公园（Sirmilik National Park）的主管卡瑞·埃尔维鲁姆（Carey Elverum）向我们问好。那天无风，天气晴好，阳光明媚，14 度的温暖天气里，孩子们在夏季里冻土上自然形成的水坑中戏水。50 岁上下的卡瑞告诉我们，在他的记忆中从来没有这样炎热的夏天。

　　卡瑞的记忆与气象站的观测数据相吻合。2019 年，加拿大境内的北极地区遭遇了前所未有的炎夏。在庞德因莱德北部约 1000 千米处，位于北纬 82 度的阿勒特（Alert）是地球最北端的人类永久居住地。那里的最高气温突破历史记录，达到 21 摄氏度。阿拉斯加州第二大城市费尔班克斯（Fairbanks）的居民们正在 30 摄氏度以上的高温下汗流浃背。

此刻我们就在庞德因莱德，面对着卡瑞绝望的神情。其实这样的天气颇为舒适，我们可以乘着小船轻松横渡伊克利普斯海峡（Eclipse Sound），去到对岸的谢米里克冰川。然而卡瑞向我们解释了高温带来的问题。正常情况下，海峡里的海冰只会在夏季裂开几周的时间，其余季节都是因纽特人的猎场。它还是雪地摩托的通道，连接了几处相邻的聚落。气候变化导致海冰裂开的时间越来越长，狩猎季不断缩短，各个聚落间的联系也被切断。

我们乘船到了海峡对岸。就在几十年前，谢米里克冰川一直延伸到海边，甚至到了水上。而现在全然不见冰川的踪迹，只有一大片松散的碎石堆，四周是软塌塌的、难以通行的沉积区。这是冰川后退时留下的冰碛堆。另一位陪同我们的因纽特人布瑞安（Brian）说道："这一大片地啊！以前我只看到过它们冰川覆盖的样子。现在一看到这些空地我就想哭——冰川没了，光秃秃的。"

我们在松散的冰碛堆里跋涉了40多分钟以后，终于来到了冰川的边缘。这样炎热的天气里，冰川正在融化，上面随处可见小水沟，它们汇流成小型的瀑布，从冰川边缘落下。四周融冰的"滴答"声、小水沟的呢喃低语、小瀑布"哗哗"流动的声音构成了一种奇异的背景音。在这里，气候变化是听得见的！冰川下部在夏季融化固然是正常现象，但是每年冰川的融化速度远远大于增长速度，导致冰川急剧缩减。在我们脚下，一股融冰水汇成的河流从冰川奔向海洋，造成了一种冰川深厚的动人假象——其实冰川正在消失。

对北极变暖的切身体会显然深深触动了海科·马

斯。他全程都在聆听关于气候变化和北极与世界关系的讲解。我能够感觉到，他是发自内心地关注这个问题，并不是仅仅出于政治上的投机而把这个话题列入议程。后来海科·马斯密切关注我们的科考，还在一次长时间的电话通话中倾听我们报告在北极的所见所得。

我们还在伊卡卢伊特见到了玛丽·埃伦·托马斯（Mary Ellen Thomas）。她十分动人地向我们讲述了她的家族故事。40 年前，她的大家族会在每年的 7 月 1 日，即加拿大的国庆日举办家族聚会。散居在纳努武特各地的亲属会齐聚在距伊卡卢伊特约 200 千米的库雅伊特（Kuyait）。这样的家族聚会能够凝聚人心。大家起先乘坐狗拉雪橇，后来骑雪地摩托穿过封冻的峡湾或海岸线前来赴约。那时所有人都以为，冰川会永远存在。然而 25 年之后，旅途沿线出现大片无冰区，只有一半的路程尚能通行。而今天要去库雅伊特只能乘船，许多生活简朴的巴芬岛人无力负担船费。一个家族就这样四分五裂。

身处我们的浮冰上，我们能够切身体会到家园在脚下融化是种什么样的滋味。不过它只是我们暂时的家园。但北极的居民们却别无选择。冰川的消融不仅意味着一种独特地貌的消失，还意味着延续千年的古老文化和数百万人的生活受到威胁。

260

※　※　※　※　※

2020 年 7 月 25 日　第 310 天

从昨天起，我们的浮冰开始打旋儿！它的旋转速度令人目眩，每天超过 360 度，不受周围的冰原干扰。旋转的成因还在研究中。这种旋转运动本身就十分有趣。现在我们周围的开阔水域足够大，不会经常撞上厚重的大冰块，所以这种快速的旋转运动不会使浮冰遭受破坏性的冲击。这块浮冰本就近乎圆形，可以自由地旋转，但是在旋转状态中，如果下一次再与周围浮冰相撞，那片不太稳固的一年冰区域可能会被撞断。

对此我们已经做好了准备。我们周围的一年冰——这里的典型冰种——已经逐渐全部破裂了，只剩下一些碎冰。只有我们的浮冰还像巨浪中的礁石一样岿然不动。真是块好冰！

2020 年 7 月 26 日　第 311 天

现在我们的纬度仅为北纬 79 度 45 分。前天我们就穿越了北纬 80 度线。洋流继续将我们往西南方向推，正好是弗拉姆海峡西侧那片冰舌的位置。这样我们的浮冰还能存活久一点。我们东边 26 海里处就是弗拉姆海峡中部的开阔水域，不过那条冰舌沿着我们的西南航向朝南延伸。如果洋流向东转向，我们一天之内就可能到达危险的海冰边缘区。

所有科研组都制定好了科考营地的撤离方案。我自信只要给出撤离信号，我们就能在一天之内把营地收回船上。现在的关键问题是——我们还能在这里安全地作业多久。

20 世纪 90 年代，我经常目睹斯匹次卑尔根岛附近海冰边缘区的海冰破裂，那时那里在冬季还有海冰。当海冰边缘靠近水域，波浪侵入海冰时，海冰不会逐渐裂开，而是突然破裂。刚刚那里还有坚固的海冰，一转眼就成了一堆小冰块堆成的废墟。

在之前的科考中，也有很多关于浮冰在海冰边缘的波浪作用下突然破裂的记录。这时站在浮冰上的人将会面临巨大的危险。这块浮冰一旦开始破裂，是没有时间抢救设备的。那么整个科考营地就会沉入大海。

然而另一方面，浮冰的末期状态极具科研价值。只要条件允许，我们就想把研究继续下去。所以确定拆除营地的时间点，成了一个棘手的问题。

几十年前在斯匹次卑尔根岛上，我每年春天都要问自己，人还能在冰上走多久，什么时候冰会裂开。经验丰富的人为我指点迷津，我自己也观察过好几次：只要刚刚开始察觉到细微但可见的波浪的迹象，冰马上就会裂开。所谓波浪的迹象，就是冰上的裂隙或冰洞里的水开始轻柔地、有节奏地一起一伏，或者是裂隙两边的冰开始周期性地起伏，通常伴有"咔嚓"声，这是浮冰边缘相碰撞发出的声响。一旦出现这样的警示，就要立即撤离冰面。 262

在船上我们有技术支持。从今天开始，我船舱里的屏幕上一直运行着波浪监控程序。这是我根据轮船的数据编写的。它用三条线显示轮船的起伏和在纵向轴与横向轴上的倾斜度。我日夜关注洋流和浮冰边缘的情况，每隔几小时看一次波浪监控，夜里也不例外。不过浪高还在一到两厘米的区间内，周期大概为11秒，冰上也尚未显现出波浪的迹象，因此我们的科研仍在继续。

2020 年 7 月 27 日　第 312 天

我们继续在冰舌内向西南方漂流。波浪监控显示，波浪没有增强。冰上一切平静。今天又是冰上作业十分顺利的一天，只是有一次近期常见的北极熊来访。所有科研组都清楚，我们留在浮冰上的时间屈指可数，于是都使出剩下的最后一股力气，又进行了一场强度很高的测量计划。我们在浮冰上待了很久，大家都没有料到，现在第四航段的成果就已经比预想的还要好得多了。因为我们回到这片浮冰上时，它已经向南漂了很远了，所以预期并不很高。冰上的气氛再度十分热烈。谁也不知道我们还能在这里工作多久，所有人都享受着在这块冰上的最后时光。

2020 年 7 月 28 日　第 313 天

今天我下令，明天一早就开始撤离冰上的基础设施。

几个小时前，洋流从西南方转向南方，同时它还受到了规律的潮汐影响。也就是说，之前我们的航向与海冰边缘平行，现在我们直接向海冰边缘驶去。同时卫星实时图像显示，海冰边缘在

263　整个 7 月中下旬，科研营地里几乎天天都有北极熊来访。一天有多头熊来访的情况也不少见。

在弗拉姆海峡内海冰边缘区的海浪影响下，MOSAiC 浮冰于 2020 年 7 月 30 日解体。科考队陪伴它直到最后一刻。科考营地于浮冰解体前一天拆除并撤离。

2020 年 7 月 31 日，MOSAiC 浮冰彻底破碎。

一天之内迅速朝着我们的方向后退。

　　下午 5 点做出这个决定时，我们距离海冰边缘还有约 17 海里，海冰浓度仅为 50%，到晚上距离海冰边缘仅 15 海里左右。虽然我们的浮冰的核心区域仍然有 4 米厚，属于中等厚度，而且除了边缘略有消融外，既没有裂隙也没有崩坏的迹象。但是即便是这样一块浮冰，也无法抵御海冰边缘区的波浪。而且一天之内，波浪从 2 ～ 3 厘米高增长为局部可达 5 ～ 7 厘米高。而且更关键的是，现在如果仔细观察，在冰上已经能够感觉到波浪了。正是这个迹象让我做出判断，浮冰即将破裂。所以现在拆除刻不容缓。

　　我们的浮冰载着我们漂了很远，超出所有人的预期。即便在北纬 80 度以南的地区，它仍然是我们忠诚而坚实的科研平台。我们得以将这块浮冰从拉普捷夫海漂到这里，弗拉姆海峡中的海

264

冰边缘的生命历程被完整记录下来。

现在这块 MOSAiC 浮冰踏上了它最后的旅途。冰上营地就要没有了，我们现在已启动最后的撤离计划。

2020 年 7 月 30 日　第 315 天

昨天我们撤除了冰上营地，今天早上又取回了剩下的电缆——时间恰恰好。我们正在忙碌着，忽然正在冰上各个区域作业的科考组都报告说，冰面上出现了裂隙。我立即动身，最后一次勘探这块浮冰。在远离轮船发出的噪声的地方，我们听见几声沉闷的巨响，仿佛是来自远方的炮击声，同时浮冰在破裂。现在波浪的迹象已经很明显了。裂隙两边的海冰边缘都在一起一伏，发出"吱嘎"声。在这块浮冰上，我们第一次感觉自己站在海中。去年在静止的冰面上，我们常常忘记自己脚下是一片汪洋，然而现在可以看见海冰随着开阔水域里的波浪起伏，直至天际。就在这里，我们去年一整年的家园在隆隆雷声中逝去。那种感觉难以言说。

与此同时，天空中降下了雾气。我们在神秘莫测的光影摇曳下回到船上。只有快走到船前方时，才能隐约看见雾中的船。

不过我们已经看得够多了。我们的浮冰死了。现在它只剩下一些小碎块。它们没有向四面散开，只是因为这时风很小，暂时没有什么力量能把尚且相互勾连的碎块推开。碎块之间的裂隙只有几十厘米，还可以跨越。

虽然颇为伤感，但我们的时间管理是非常成功的。直到最后关头，我们的整个科考营地都还在浮冰上做科研，而且还井然有序地把所有人员和器材都撤回了船上。

2020 年 7 月 31 日　第 316 天

一夜之间，直径不足 50 米的浮冰碎块被洋流冲向八方，那块浮冰的轮廓也荡然无存。现在它已经彻底消失了，没有任何痕迹能够证明，直到昨天，这里还有一块四米厚的、稳固的巨大浮冰。浮冰的遗骸继续向海冰边缘漂去，然后消融在开阔的大洋里。这就是一块浮冰的生命终点。

我们从一块碎块上抢救下"气象城"的帐篷，然后在直升机坪上举杯与我们的浮冰道别。这块 MOSAiC 浮冰终于成为了历史。我们开动主马达离去。前方还有新的任务。

第十一章　另择良冰

　　过去几天里，我们都在抢救之前建在中心营地周围各观测站上的设备。我们逐个驶向这些外围观测站，然后回收仪器。那里的设备仍然会定期发送 GPS 信号，并且储存有价值极高的数据。这往往是我们获取这些数据的唯一方式。安装有设备的很多浮冰都已在海冰边缘破碎，所以我们收集的其实是幸存的一部分。原本相邻的装置经常分散在相隔甚远的浮冰碎块上，我们要把它们找到然后拼装起来，有时还要在雾中苦苦寻找剩下的部件。我们还打捞起很多沉入海底的仪器。

　　这项工作已经有了很大的进展，但尚未全部结束。余下的仪器之后将由为我们运送补给的破冰船"特列什尼科夫院士"号打捞。今天它已经与我们会合了！

第四航段结束后，"特列什尼科夫院士"号在弗拉姆海峡内的海冰边缘区为"极地之星"号补充物资。

268

我们已经在开阔水域选定了一片区域，用于进行燃油物资补给和科考人员交换。它位于大块浮冰之间，可以避过大洋里的风浪。我们的船逐渐向"特列什尼科夫院士"号的船舷靠拢，并开始了补给工作，同时进行的还有人员交换。船上的每道走廊里都一片忙碌，因为新队员是坐在吊笼里被起重机运过来的。补给完成后，"极地之星"号的运载量是之前的两倍。像MOSAiC这样宏大和漫长的科考计划之所以能够顺利进行，即便每次都要更换队员，但每个航段之间的衔接都流畅无阻，有赖于各个航段科考队之间的有效协调。

2020年8月16日　第332天

告别。又是星期天的清晨，轮船静静地向北极航行。我打开

音乐，心里还在回想着过去几天的情形。8 月 10 日，当"特列什尼科夫院士"号从雾中浮现时，船上所有人都明白，告别的时刻到了。第四航段的十余名科考队员将同我一起留在船上，参加第五航段，也是最后一个航段的科考，其余人则乘"特列什尼科夫院士"号返航。在第四航段的三个半月里，我们之间已经非常紧密。许多人把第四航段戏称为科考的"拥抱航段"——这个航段里的拥抱最多。我们共同在冰上做出了引人瞩目的成绩，同时也结下了深厚的友谊。

第四航段的大部分科考队员搭乘"特列什尼科夫院士"号返航，少数人与新来的队员一起留在"极地之星"号上，并开始本次科考的第五航段，也是最后一个航段。

　　然后，8 月 13 日，与"特列什尼科夫院士"号会合三天后，每一场科考结束时避不开的环节到来了——告别。有很多人会离开这片遥远而独特的世界，回到家乡。其他人还留在这里。分别前，我们再一次到直升机甲板上集合，大家相互拥抱。要回家的

第五航段中，"极地之星"号向北挺
进。它先是穿过了格陵兰岛西部的
松散浮冰群，然后途经格陵兰岛北
部的大片开阔水域到达北极点。

人一批批走进吊笼，然后被起重机运到对面的"特列什尼科夫院士"号上。次日早晨，燃油补给也完成了，我们向北进发。船上广播里播放着音乐《Piano Man》，这是船长为此情此景专门挑选的。缆绳解开，一声汽笛长鸣，"极地之星"号徐徐开动。两边甲板上的人们又是挥手，又是欢笑，又是哭泣。

过去的十几个星期里，在我们之间催生了许多友谊和一些爱情。没有人知道，回到家里的那个世界以后，这些情谊将何去何从。有些人，还想和他们多待一会儿；有些话，还没有说完。而现在，身在另一边的友人们变得越来越小，他们挥舞着双臂，消失在雾中，直到变成一个跃动的小点，再也看不清谁是谁。我们却留在原地，有种被抛弃的感觉。我们还苦苦思念了第四航段的队友们很久。

与此同时，也有新的问候！刚刚上船的第五航段队员里既有新面孔，也有之前科考中的旧相识，还有老朋友们。当年与他们分别时，也像刚才同第四航段的队员们分别时一样难过。

几个月来，我们都盼望着重逢。当两艘船靠得足够近，可以辨认出对面甲板上的人们时，即将到来的离别之苦里就掺进了一些重逢之乐。其中就有一位我的朋友，我们在2018～2019年冬季乘"极地之星"号前往南极科考时相识。当时"极地之星"号航程过半后，我在诺伊迈尔站下船，从那里乘飞机返航。那时我们团队内部的关系也很好。"极地之星"号从诺伊迈尔站旁的冰川边起锚时，也像这次一样播放音乐、汽笛长鸣。我和另外一名科考队员留在冰上，朝其他人挥手。他们离开了，很快变得越来越小。

现在，当这位朋友乘着吊笼晃晃悠悠来到船上时，我们久久拥抱在一起，仿佛只是两周没见，并没有阔别一年半之久。想到这里，我就更有勇气承受即将到来的离别了。

科考全程都由摄影小组记录。伊莉莎·德罗斯特（Elise Droste）在"极地之星"号上舒适的"红色沙龙"里切她的生日蛋糕，也成为了拍摄的素材。

是啊，这些日子里很动感情，也非常辛苦。之后几天，很多留下的第四航段队员都感到疲惫，仍然沉浸在离别的情绪中。

不过现在第五航段，也是最后一个航段开始了。新来的队员们浑身洋溢着热情和干劲，很快把我们从不舍之情中拉了出来。现在我们又一次开始团队建设。很快大家就分不清哪些是第四航段的老队员，哪些是新来的人了。这是必要的一步。

我们面前的任务颇为繁重。现在要通过观测补上最后一块拼

272

科普小贴士

北冰洋归谁？

早在数百年以前，各国就梦想着在北冰洋中开辟一条航道，然而盔甲一般厚的海冰阻塞了去路。如今，根据《联合国海洋法公约》，与北冰洋相邻的国家——丹麦、芬兰、冰岛、加拿大、挪威、俄罗斯、瑞典和美国——可以把距离本国海岸线 200 海里（370.4 千米）内的海域划为专属经济区，进行开发利用。然而北冰洋的政治归属依旧有争议：加拿大坚称对西北航道拥有主权；俄罗斯则称，其境内的大陆架一直延伸至北冰洋深处，因此包括北极点在内的北冰洋大片区域都属于俄罗斯。2007 年，俄罗斯在北冰洋洋底插上了一面钛制国旗，为其领海诉求造势。而第 45 届美国总统唐纳德·特朗普（Donald Trump）甚至意图为美国买下整个格陵兰岛。

未来，关于北冰洋的争议只会更加激烈。随着全球变暖使得北冰洋海冰消融，通航里程增加，古老的愿望被重新点燃——利润丰厚的海上商路、新的渔场以及蕴藏海底的资源，比如石油、天然气和锰。

图，填补北冰洋海冰周期中空缺的最后一部分——新冰冻结的早期阶段，也可以说是浮冰的婴儿期。时值 8 月中旬，夏季即将结束。天空中太阳的位置明显降低，传输到冰上的热量减少。夏季的融冰过程不久将转变为冬季的结冰过程。为探究该过程，我们须向极北之地进发。

我们在每天收到的卫星海冰地图上选择了一条可行的航线。过去的两周里，格陵兰岛北部的海冰大幅开裂，开阔的水域间错

273

着水道横亘的冰区，几乎延伸至北极点。这是不寻常的现象。通常情况下，这片区域的冰层较厚，多为多年冰，因此船只一般不会靠近这里。在这里，被海冰困住的风险太高了。起先我猜想冰上的水道是风力作用的结果，是风吹裂了冰层。那样的话，此地与陷阱无异——只要冰层保持开裂的状态，我们就可以一往无阻，为观测争取大量时间。我们也确实需要争分夺秒，因为海冰的冻结过程即将开始，我们恨不能现在就已经在北方的浮冰上搭好了科考营地。然而，一旦风向转变，这个"陷阱"将闭合。风可以推动冰层，使其聚拢。在这样的海冰压力下，任何船只将寸步难行，长期受困。我和船长观察了这些水道网络的卫星数据很久。它们会是通往北方的高速路吗？

除此之外的另一个选项是，向远处位于东方的海冰边缘区航行，然后在那里，即西伯利亚中部海岸折向北方，深入海冰之中。这是一条常规路线。东方是海冰穿极流的起点，那里的海冰又年轻又薄，但是途中我们必须向北绕过俄罗斯的高纬度领海——我们没有俄方的通行许可证。绕行会让我们向东多行驶一大段距离，将会耗费很多时间，即使航行时间是可以预估的。

数日以来，格陵兰岛北部的水道网络一直保持开裂，即使风向转变也没有合拢。怎么回事？难道这片开阔水域不只是风力造成的吗？有一天晚上，我和船长在船长室里面对卫星地图思索良久后，终于共同决定：我们就从这里向前航行。如果成功，那就太精彩了。这条航线会为我们节省很多时间，使我们能够直接抵达北极点。于是我们向北航行，起先沿着格陵兰岛东海岸，然后坚决地转向西北方向，进入那片可能成为"陷阱"的水域。

274

现在我们已经置身其中，过了北纬 87 度线，距离北极点仅 300 千米——真是难以置信。这条航路令人屏息。我们一路所见的不是被风吹开的狭窄冰隙，而是大片大片的开阔水域，有的甚至绵延至天际。尚存的海冰也奄奄一息，无论顶部和底部都融化得厉害。我们的船几乎没有遇到任何阻碍。这里不是风力形成的水道，而是大面积融化的海冰。我们所担心的"陷阱"并不存在。我们以七节航速，也就是给轮船设定的冰上最高航速向极点驶去，一路上没有任何值得一提的障碍。因为航速很快，我们可以从容地不时停船几小时，采集船下的水柱，研究这种反常的海冰状况。

2020 年 8 月 19 日　第 335 天

北极点！我们位于地轴之上，所有经线和一切时区的交汇点。在这里，方向和一天之中的时间划分失去了意义。数百年来，这一点使人类为之着迷，令一代又一代探险者遐想神往。他们中有很多人试图抵达北极点，结果命丧冰天雪地。

进入海冰边缘仅六天以后，我们于今天的 12 点 45 分抵达了极点，创造了最短的用时记录。而且这还是在我们在途中花费一天多进行水柱研究的情况下。

抵达极点前，几乎所有科考队员都聚集到舰桥上。大家全神贯注地盯着导航计算机上的坐标。北纬 89.999 度、北纬 89.9999 度、北纬 89.99999 度……然后回转罗盘开始自由转动，导航系统里错误报告的警报声迭起，罗盘再也无法指明方向——这里的四面八方都是南方。长鸣的汽笛声示意我们已抵达地球的最北

275

端。值班船员把船正好停在北极点上。

2020 年 8 月 19 日，"极地之星"号仅航行六天即抵达北极点。

　　真是庄严的一刻，仿佛跨年之夜的午夜零点一般。我们举杯欢庆——众人一时无言。到了北极点该说点儿什么呢？很快，大家都开始说："北极点快乐！"，并把它当成一句祝福，喜悦地庆祝这一特殊的时刻。

　　智能手机里的 GPS 也显示出，我们在"极地之星"号上走一走就可以跨越所有经线。船上的回转罗盘依旧在欢快地自由旋转。我们在直升机停机坪上集合，拍了一张北极点合影。接着我们把船移到极点旁边的一小片开阔水域里，在那里继续进行水柱研究，之后再继续航行。结冰期在即，我们没有时间可以浪费。

　　在极点附近，大部分航路都被冰层覆盖。开阔的水域并没有延伸到极点附近，不过这里还是有小片的开阔水域。即便是这里的海冰，也在夏季被完全腐蚀了。一大半海冰的表面上都有向下融化的融化坑，并且已经被完全融穿。因此我们没有遇到太大的

276

障碍。越过北极点后，我们行驶在北冰洋中的东经105度经线上，一路向南。我们希望沿着之前那块 MOSAiC 浮冰的漂流轨迹，在距离北极点200～300千米处找到一块新的浮冰，并在上面重新搭建科考营地。之所以离开极点附近，是因为卫星数据没有覆盖附近区域的海冰状况——大部分卫星无法收集距离极点如此近处的数据。尽管有各种卫星的轨道相当靠近极点，但是出于轨道工程方面的原因，卫星轨道不能位于极点正上方。

※　※　※　※　※

极点之夜

这一次到达北极点时，回转罗盘自由旋转，随后"极地之星"号导航系统里的错误报告接二连三，都像是欢乐的插曲。而我在2000年1月第一次到达北极点时，情形就大不相同了。

我刚从位于加利福尼亚的喷气推进实验室（Jet Propulsion Laboratory）——一家隶属于美国国家航空航天局的实验室——回到德国，又同欧洲及美国的同事们一道分乘多架科考飞机前往北极，进行平流层中臭氧层的观测研究。

我原本的任务是协调位于北半球高纬度地区的臭氧观测网络，它由约30个观测站构成。不过参与此次科考的美国国家航空航天局的DC-8客机将飞越北极点，所以我也受邀登机。

前往极点的航程非常顺利，所有的测量仪器都在按计划收集数据。在正值极夜的 1 月份，窗外自然是一片漆黑。黑夜中，我们几乎看不见下方的海冰。机舱里的光线也很昏暗，信号灯和十几台测量仪器的显示屏在黑暗中发出微光。操作员坐在仪器前，照惯例行事。这架飞机里当然没有普通客机上那样的座椅。这是一次普通的观测飞行，之前我已搭乘过各种科研飞机，进行了十几次观测飞行。

277

不过这次飞行还是有一点不同。我们向极点靠近时，电压明显升高。谁也不知道，飞机的导航系统在极点会出什么状况，但后来确实出了状况：当显示器将要跳动为"北纬 90 度"时，整个系统失灵了，不再显示方位与其他任何导航数据。这可对飞机相当不利。飞行员们只能手动操作飞机，把小型的掌上 GPS 系统举在眼前导航——这是他们保险起见带入驾驶舱的。这些小型系统在北极点完全没有受到影响，仍然提供可信的方位信息。过了一阵，

278

北极点的海冰在夏季也因为高温而完全被侵蚀，变得非常脆弱。

飞机上的导航系统又恢复运转，飞机得以继续正常地飞行。

※　　※　　※　　※　　※

2020 年 8 月 21 日　　第 337 天

过去的一天两夜里，我们都在极点的东侧向南航行，昨晚穿过了北纬 88 度线，由此驶入大部分卫星覆盖的区域。我希望能够尽快在这里为科考找到一个新的家园。这项任务与科考开始时有所不同。那时我必须挑选出一块能够充当科考平台一整年的浮冰，它即便在夏天的融冰期里也不会破碎。现在我们只需要一块供我们进行科考一个月而不破碎的浮冰。不过这块浮冰也必须足够厚实，以便我们把船稳稳地嵌在上面。否则一场风暴就能把我们推下浮冰。

夏季里，浮冰表面都布满融化坑，导致它们在雷达卫星的数据里很不明显，而且总是有浓雾，使得在可见光范围内进行拍摄的卫星也无法获取海冰图像，所以也不能动用直升机进行搜寻。剩下的唯一可行的方法就是透过舷窗用肉眼观察。轮船上的海冰雷达或许稍微能上一点忙。

早上 7 点，我到舰桥上时，掌舵的值班船员史蒂芬·施比尔克（Steffen Spielke）刚刚放弃破开一条宽阔坚固的长条状海冰。他几次驾船冲撞这块海冰，但是没能把它破开。现在他调转航向，沿着这块长条状的海冰航行，试图绕过这条厚实的冰带。这在该区域绝对是罕见现象——迄今为止，我们尚未被海冰阻住去路。

这块坚固的浮冰现在位于我船左舷一侧，约 100 米宽。它的两端消失在雾中。它表面崎岖，布满深蓝色的融化坑，其颜色远远深于周围平坦浮冰上的融化坑。融化坑的颜色暗示了这是一块巨大的浮冰。只有厚实的浮冰上才会出现深蓝色的融化坑，因为海洋从中透出的光亮更少。这条冰带上起伏崎岖、相互堆叠的大冰块已经融化了很多——这块冰的年龄不小。所有迹象均表明，这块冰是一片去年冬天形成的宽阔剪切带，许多浮冰曾在这里堆叠和破碎，由此冰层达到了一定厚度——这是海冰动力学增厚过程的结果。无法破开这条冰带则证明了海冰碎块已重新冻结在一起，而且相当坚固。该过程不可能发生在夏季，所以这块海冰是去年冬天的产物。

与这条冰带相邻的左侧和右侧各有一大片这里常见的平坦浮冰。这块冰没有之前那么稳定，

2020 年 8 月 21 日，我们发现了 "MOSAiC 浮冰 2.0"。它在最后一个航段中成为整个科考队的家园。这块浮冰有着多样的冰上地貌。

但冰脊上最坚固的地方已经厚到可以在上面作业和安装设备，并且维持一个月。

还继续找什么呢？这条厚厚的冰带真是天降的好运。它能为我们的船提供一个稳定的停泊点，附近的冰区恰好适合研究即将开始的结冰过程。附近甚至还有容易到达的开阔水域。我请史蒂芬停船。啊，就这么快。我们没有在雾中漫无目的、近乎盲目地游荡好几天，而是直接在这里撞上了一块大有希望的浮冰。

我立刻带着一支小队下到这块冰上，更加细致地勘察冰情。我们坐在吊笼里，越过左舷到了冰上——又发现了一片梦幻迷人的景色。穿越由冰块堆砌而成的迷宫时，每个拐弯后面都是一幅新的冰山画卷。小小的冰谷中有深蓝色的湖泊，四周冰山环绕。美极了。冰山的另一面绵延着平坦的冰原，上面布满典型的浅绿色融化坑。不过即便在这里也有平缓而略有起伏的冰脊，我们正是计划在此处建立科考站。几次钻探结果显示，这里的冰层足够厚，可以在上面作业。

我们又走了很长一段路，为了给"极地之星"号找一个停泊

点，然后把它用浮标标记出来，以便在雾中也能再次找到它。我们又把旗帜插在冰上，标记出进入浮冰的行驶路线。

在选定的区域里，冰山的前方有一片较为平缓的高地，我们想将其作为后勤区。起重机会把沉重的设备放在这里，然后我们再将它们运送至各处。我们还会在这里建造一条通往冰山里的通道，能够让雪地摩托通过——这就是我们去往冰山那一边的关隘。

281

我们迅速返回船上，并把接下来的操作告诉船长，描述我们应该如何驶入浮冰，在哪里停泊。我们绕了一大圈，航行至标记点，然后像之前一样停船，右舷靠在坚固的海冰上——起重机往右舷外运货最方便。下午我们已经在最终的停靠点停好，我和所有科研小组的组长一起下到冰上，初步构思新营地的计划。晚上，我们在"蓝色沙龙"厅里把初步的构思变成具体的方案，明天就开始实施。

2020 年 8 月 23 日　第 339 天

昨天我们已经开始了部分建设工作，电缆已

我们在最短时间内建好的科考营地矗立在"MOSAiC 浮冰 2.0"上。

经铺在冰上，部分设备已经安装完毕，并可以开始观测。然而在船的后方出现了一条贯穿冰山的冰裂隙。它与规划中的新营地擦肩而过，所以我们暂时还不需要更改计划。然而它却把卸货区、电缆移交区这两个区域同停在冰上的轮船以及营地其他区域隔开了。而且位于船后方的舷梯落在裂隙的一侧，不方便操作。我暂停了营地的建设工作，观察一下情况。下午，这条裂隙继续开裂为一道水道。于是我决定，先将轮船向前挪动约一个船身长度的距离再继续搭建营地。我们今天早上完成了这项工作，现在整艘船停在坚固的冰面上。而我们的"关隘"距离裂隙相当近，不过它依然是从船后通往冰山另一面的最佳路径。我们暂时将遥感营地、"气象城"和"海洋城"的电缆放在那里。"ROV 城"位于轮船前方，我们为"ROV 城"的电缆另外开辟了一条通道。假如北极熊突然出现，切断了轮船后方的关隘，我们还能从这条路返回船上。我一向记得给自己留出退路。我希望在船的前方再勘探出一条可以翻越冰山的路。

中午，我们继续全面开展建设工作。

2020 年 8 月 25 日　第 341 天

营地建设工作基本告一段落，其建设速度开创了新的记录。另外最高强度的观测工作也已经开始。自从近一年前我们第一次搭建营地以来，大家的进步非常明显。我们行事更加灵活，工作效率翻倍。简而言之，现在我们真的知道该怎么办了。

今天我和无人机小组一起去往位于轮船前方远处的无人机机场。机场在"ROV 城"和为了进行水下机器人测量而开凿的冰

区后方。一夜之间，"ROV 城"和无人机机场之间出现了一条宽阔的裂隙，步行或者使用简易的辅助工具——如南森雪橇或板材——都无法越过。于是我们划着浮舟渡过水道，并在裂隙上方建了一艘拉索渡船。

　　我在水道另一边的任务是防熊。因为受到疫情影响，最后一个航段的人手明显减少，所以防熊队员短缺，我常常是哪里缺人就哪里顶上。无人机组的罗贝尔塔·皮拉齐尼（Roberta Pirazzini）和黑娜－利埃塔·汉努拉（Henna-Reetta Hannula）调试无人机时，我就在一处高耸的冰脊上来回巡逻。我防熊时喜欢四处走动。行走时可以变换视角，更容易发现卧在冰块后的北极熊。北极熊常常在那里睡长长的觉。而且行走有助于保持注意力。我频频站住，把望远镜架在探测手杖上——在不熟悉的冰面上，我总是会带上探测手杖——环顾四周，没有看见北极熊。 283

284

　　今天冰面上的光影十分独特。冰上又腾起一层极薄的雾。远处的"极地之星"号在雾中只显示出轮廓。阳光穿透雾气，太阳对面的天空中出现了一道壮丽高耸的雾中彩虹——这些天里常见

夏季北极低空中的薄雾带来如梦如幻的光影效果，如果正好与太阳相对，还常常形成蔚为壮观的雾虹。

北极点附近的冰原。

2020 年 8 月底，冰上光影。

的景象。冰上的融化坑闪耀着蓝绿色的光泽。如今大部分融化坑上都蒙了一层极薄的冰，使得它们的颜色愈发淡雅，如同水粉画。之后这些冰会再次完全融化——真正的结冰期尚未开始，但已经出现了预兆。

两位同事用无人机测量从空中到冰面的辐射状况。然而今天无人机刚一升空就不再受黑娜控制。在这个纬度驾驶无人机是一项巨大的挑战，因为距离极点太近，无人机上的指南针不起作用，所以自动操作系统无法运行，只能由飞行员手动操作。黑娜很快发现情况不对，于是娴熟地让无人机迫降至远处一片结冰的融化坑上。我们去那里将它取回时，立即发现了无人机失控的原因。机身前部的旋翼叶片上结满了冰霜，从而完全改变了叶片的形状，导致飞机前部上方一处断电，飞机失去升力。幸好我们让无人机迅速迫降挽救了它，否则无人机将坠毁。

对一切飞行器而言，这样的薄雾暗藏杀机。它由微小的冷凝水滴构成，一旦遇到物体表面就会凝结。结冰导致的坠机在航空史中数不胜数。在本次科考的最后一个航段中，容易导致结冰的天气条件伴随了我们很久。飞行员不得不等待更好的起飞条件，驾驶直升机和无人机变成了对耐心的考验。

第十二章 归航

在这里，北极点附近，太阳每天环绕着我们运行，一天中总是与地平线保持着相等的距离。不过一个星期里，它越来越低，逐渐靠近地平线。9 月底，太阳会与地平线齐平，然后下沉，随之而来的就是极夜了。

现在太阳的位置明显低了，阳光变得更加暖黄，色泽更加浓郁。这些天里，冰上的景象美得难以言喻。再加上我们的浮冰之上遍布冰山、冰谷与平旷的冰湖，多彩多姿，堪称北极浮冰中的绝品。有人亲昵地把它称为"Beautifloe"。这是把英语里的"美丽"（beauti）和"浮冰"（floe）组合起来的自造词。

营地在全面运转中，所有科研组都在极高强度的工作节奏下奋战。

2020年9月，摄于"MOSAiC浮冰2.0"上。

随着太阳下沉，景物的颜色变得更加浓郁，队员们在冰上进行作业。

　　结冰过程即将开始，届时这里的景观将发生翻天覆地的改变。融化坑表层将结冰，上面会盖上降雪。夏季的冰湖景观会骤然变成科考开始时我们见到的冰封景象。这种迅速的转变正是我们的研究对象。

2020 年 9 月 8 日　第 355 天

　　昨天中午，经常进行的高强度动态测量又开始了。这次浮冰上的测量工作将持续 36 小时，中间没有间断！"气象城"和遥感营地的大部分仪器一向全时运转。现在"海洋城"的同事们也会不间断地将探测器放入水中，测量叶绿素、含盐量和水温，并探测水柱中是否有水体混合的情况。"生态小屋"的帐篷也有了新地

9 月初，永远绕地平线运行的太阳显然已经接近地平线。日光色调变得暖黄。三个星期以后，太阳将沉入地平线之下，极夜即将开始。

2020年9月9日，低垂的太阳周围出现日晕。

址，并开始了全面的科研工作。另外船上的探测气球也缩短了轮班时间，每三小时升空一次。

进行高强度动态测量的时间点不是随意敲定的——根据气象学家的预报，这时将会发生天气骤变。起初风力持续增强，然后开始降雪。昨天夜里风雪达到最大值，直到早晨云层方才散开，露出耀眼的太阳。这片景象震撼人心，是对在冰上值夜班的补偿。

与此同时，气温下降。从今天起，我们的浮冰发生了变化——之前光溜溜的浮冰上覆盖了一层厚厚的雪。融化坑也完全封冻了——之前凝结在融化坑表面的薄薄冰层总是会再次融化。这是我们期盼已久的，同时也是至关重要的结冰初始期。夏季的融冰过程终于过渡为冬季的结冰过程。所以我们根据气象预报安排了这场密集的动态测量。

290

测量顺利极了。由此我们完成了对海冰周期的全年观测。我们已经观察了海冰全年的心跳搏动。如今我们再度置身于科考开始时那片封冻的景象中，完成了一个轮回。

2020 年 9 月 9 日　第 356 天

光影每天都在变换，引人入胜。太阳与地平线之间的距离一天比一天近，阳光的色调越来越温暖，从前些天的黄色色调逐渐过渡为暖融融的橙色。

今天空中还出现了另一种景观。太阳周围的天空中出现了由几何线条构成的绚丽图案。其中 22 度与 46 度[①]的日晕清晰可见。两道硕大的同心圆环环绕着太阳。太阳的左右两边共有四个幻

[①]　指以发光体为圆心，角半径为 22 度和 46 度所组成的圆环。——译者注

为期 24 小时的动态测量中的 "MOSAiC 浮冰 2.0"。

日，太阳上方有一道光柱，内圈日晕之上有一道环天顶弧。这些光线产生于太阳光在空气中冰晶上的反射和折射，是极地的一道奇景。

2020 年 9 月 12 日　第 359 天

　　今天我们确定了返程日期。八天以后，我们将撤除帐篷，离开海冰区，踏上漫漫归家路。MOSAiC 计划的结束突然就近在眼前了，外面的世界在思绪中又有了一席之地。

　　我们深居与世隔绝的北极，已经在完全没有新冠病毒的小社群中生活了几个月。船上的人们可以说忘记了病毒这回事。这里没有社交距离限制，大家想开派对就开派对——这里仿佛是一个没有新冠病毒的世外桃源，而在 MOSAiC 计划的这一年里，外面的世界已经翻天覆地。我们很难想象回家以后的生活。尽管我

启程前一天，MOSAiC 浮冰上的"极地之星"号。

们每天都会收到从陆地上发来的新闻简报，但在这个与世隔绝的冰雪小世界里，那些事情似乎都距离我们过于遥远，所以我们根本听不进地球上其他地方的新闻。今天我在德国的朋友劳拉（Laura）发消息告诉我，欧洲的感染率再次升高，许多国家正在商讨采取更加严格的防疫措施。不能再逃避了——科考已接近尾声，我们必须再次面对疫情。有人说，干脆在海冰上一直待到疫情结束算了，但这个心愿无法实现。

※　※　※　※　※

北极——变化中的世界

294

弗里乔夫·南森 1893 ～ 1896 年间的英勇壮举，

315

为我们此次的科考树立了榜样。南森是浮冰流的发现者，也是乘船顺浮冰流漂流的第一人，而这正是我们的计划。他挺进了前人未及的北极深处——在那个时代，还流传着北极点是一片无冰大洋或是未知大陆的设想。

科考的这一年里，我们对北极的认识达到了前所未有的程度。我们随着它的心跳节拍行动。我们陪伴一块海冰度过了其完整的生命周期，带着从未如此全面的新知返航回家。还有很多长年坐在实验室里、计算机前的人们盼望着我们的样本和数据。

已知的是：MOSAiC 计划期间，海冰在 2019 年和 2020 年夏季前所未有地迅速消退。夏季的海冰覆盖面积仅有几十年前的一半多。海冰厚度不到南森乘"弗拉姆"号科考时海冰厚度的一半。MOSAiC 计划中的冬季气温高于 125 年前的"弗拉姆"号科考时的 10 摄氏度左右。所有这些都显示出北极的气候正在经历急剧的变化。如果现在不对北极进行观测，几年以后将无法弥补——因为等到那时，北极已经换了天地。

MOSAiC 计划使得我们能够理解这种变化。为期一年的科考中，我们能够更好地分析导致北极变暖速度高于世界其他地区的各种过程。北极的大气、降雪、海冰、海洋、生态系统与地壳元素通过一套复杂的机制紧密相扣。这些过程不仅会加剧气候变化，其本身也因为气候变化而发生改变。MOSAiC 计划中，我们全年详尽地记录了 100 多种复杂的气候参数。它们有助于理解这些气候过程。现在我们可以用气候模型模拟它们，从而可以更好地预判某种温室气体的排放对于北极及全球的气候会产生何种影响。这是基于科学做出的政治与社会决策，并采取亟需的气候保护措施的前提。

　　在北冰洋深处，从来没有这么多精密的仪器同时运转。我们得以记录和测量北极的热力平衡，探究能量如何以光辐射与热辐射的形式，通过极其细微的涡流，在水中和大气中扩散。我们观测了海洋中的热量如何通过冰雪加热浮冰表面。我们观测了浮冰表面如何通过放射热量降温，又如何因为吸收来自大气、云层和悬浮微粒的热量而升温。我们还详细地记录了热量自大洋深处通过涡流抵达海冰的过程，以及热量通过空气涡流在大气层中扩散的过程。以上所有过程共同决定了北极气候系统的气温。北极急剧的气候变暖会导致能量流发生变化——现在我们能够更透彻地理解这一点，并将它更好地在气候模型中呈现出来。

295

　　"极地之星"号出海 12 个月。这一年冬季，北半球大气的盛行风出现异常，盛行西风带风力达到 1950 年有记录以来的最大值。这样的盛行风导致从西伯利亚穿越北极到大西洋的浮冰穿极流的流速加快——我们正是顺着这股洋流漂流。

　　大气层中的所有物质都会影响大气层传输至冰面的光辐射与热辐射。我们了解了云和太阳光之间的相互作用，云会散发何种热量，尤其是散热过程与云的具体特性之间的关系。我们观测了空气中最小的悬浮微粒如何影响云的特性——关于云的天气过程是迄今为止北极气候系统中最大的未知之谜。我们知道了，在什么条件下云中水滴的哪个部分会凝结成冰晶，而这个过程又如何决定云对光辐射和热辐射会产生何种影响。由此，我们能够更好地在气候模型中呈现云的天气过程，并且可以更加深入地理解云对气候的影响。

正是我们劳作其上的一层薄薄冰雪，分开了大气与海洋。冬季，大气温度远远低于海水温度。这层冰雪隔离层减缓了海水的降温过程，从而使新冰冻结减速。现在我们知道了，这种隔离何以成立，又如何受到冰裂隙的影响。我们更好地把握了，作为隔离层的雪分布在冰面上的规律，以及风又如何改变雪的分布。我们测量了海冰的各种力学性能，关于较薄的海冰如何在风和洋流的影响下运动的知识增加了。我们不仅实地观察还亲身体验了厚达数米的冰脊如何在几小时内形成，冰盖在冬季和早春何以迅速地开裂，并且以迅雷不及掩耳之势形成几百米宽的水道。我们细致地研究了，夏季融冰时怎么会在冰下形成一层湖泊般令人惊异的淡水层，从而构成了一道海水与大气之间能量及气体交换的屏障，也是营养物质交换的屏障。而营养物质是冰中与冰下生物所必需的。

北极海冰是独特的生物栖息地。我们全年研究了冰上、冰下甚至冰中的北极生态系统：北极熊、海豹、北极狐、鱼类以及大量体型微小的生物即便在最深的极夜里也为我们展现了北极生态系统的活动。这些生物的根基是冰下和冰中的微生物，它们是食物链的基础。通过MOSAiC计划期间细致的研究，我们更深入地了解了，这个脆弱的生态系统如何在北极的极端环境下运行。气候变化又对它们的生存方式造成了什么样的变化。

296

北冰洋中的海藻产生二甲硫醚（Dimethylsulfid, DMS）。该气体会在大气层中形成悬浮微粒，从而影响云的特性。而悬浮微粒和云又可以影响北极整体上的能量流。我们探究了这些过程，测量了海水中和空气中的二甲硫醚，观察这种物质如何通过冰裂隙进入空气；还观察了它如何影响悬浮微粒和云。现在我们更清晰地认识到，生物如何对气候产生影响。我们还测量了，海冰如何吸收或释放二氧化碳与甲烷。这两种最重要的温室气体又如何出现在海冰裂隙中的水面上。现在我们可以更准确地判定北极在全球温室气体平衡中扮演的角色。

告别浮冰前的最后时刻，每个人都若有所思。

所有的这一切构成了一个循环。MOSAiC 计划的最初设想就是，全面并着眼于整体地研究北极。虽然历经重重困难，但我们还是成功地做到了这一点。这一年里，我们将依旧繁忙，既忙于个人事务，也忙于科学研究，也许比现在预见的还要更加忙碌。

※　※　※　※　※

297　**2020 年 9 月 20 日　第 367 天**

今天是告别海冰的日子。正好一年以后，我们就要离开北极的海冰，踏上漫漫归途。漫长的一年以来，我第一次可以真正地放松了。我终于可以渐渐卸下无时无刻不在肩头的，为冰上全员安全负责的重担。10 月 12 日，我们将驶入不来梅港。

上午，我们完成了营地的拆除工作，进行了最后几项冰上测量。中午，我们被迫中止作业，因为这最后几天里一直在安全距离以内陪伴着我们的北极熊向我们靠近了。不过到了下午 3 点，它又在船后方的水道边躺下不动了，我们才得以全员下到浮冰上，为本次科考计划画上句号。

我们在冰上拍摄了最后一张集体合照。所有人突然开始相互
298　撒雪，放声大笑，大吼大叫，仿佛都想留住这一刻。大家都很难想象，这真的是本次科考计划中最后一次下到冰上了。然后后厨准备的热红酒端了上来。我们好好地享受着冰上的最后两小时，漫步在高高的冰脊上，眺望缓缓下沉的夕阳。它沿着天际滑行，现在已快要触到地平线了。眼前是一只北极熊在水道里的薄冰上
299　捕猎。船后方出现了两只贪玩的海豹，它们挥舞着双鳍，仿佛在向我们道别。多么神奇的临别时刻。

科普小贴士

数据里的 MOSAiC

- 漂流期间，"极地之星"号与最近的人类聚落间的距离达 1500 千米。

- "极地之星"号在第一块浮冰上漂流了 300 天，在新的一块浮冰上又漂流了 30 天。

- "极地之星"号在海冰中的漂流总航程为 3400 千米，直线距离 1900 为千米。

- MOSAiC 计划期间的最低气温为 –42.3 摄氏度，最低体感温度为 –65 摄氏度。

- 科考期间共计 1553 个气象气球升空，最高达到 36 278 米。位置最深的观测点在大洋水面之下 4297 米处。

- 在第一块浮冰上总共搜集了 135TB 的数据，另外还有无数海冰、海水以及空中悬浮微粒的取样结果。

- 在"极地之星"号附近观测到共 60 余只北极熊。

- 科考队员们分别来自 37 个国家。

- 之前与 MOSAiC 计划相似的科考为 0。

　　恰巧在我们计划中的起航时间，那头北极熊向我们走来。我们明白，是时候该上船了。所有人都上船以后，我最后一个走上舷梯。我们用甲板上的起重机吊起舷梯。所有的螺旋桨叶片都开足马力。轮船在浓郁的金红色夕照中向南驶去，离开海冰，回到海冰那边的世界。对我们来说，那里显得如此遥远，疫情已经使它天翻地覆。我们已经无法想象，那会是个怎样的世界。

"极地之星"号踏上离开海冰区的漫长旅途。
图片摄于靠南的、较为明亮的海冰边缘区。

9月20日是我们在冰上的最后几天，MOSAiC计
划的科考队员即将踏上离开海冰区的漫长旅途。

"极地之星"号抵达了 MOSAiC 浮冰。现在是夏季,极昼里的浮冰一天比一天明亮。

浮冰边缘区处的"冰雕"。

收获颇丰的一天结束了，无人机小组从冰
面返回船上。夏季的大规模融冰开始了。

"极地之星"号在 2020 年 6 月末的 MOSAiC 浮冰上。
已经开始出现融化坑，不过融化坑坑底尚未融穿。

2020 年 7 月 13 日，夏季浮冰上的两个系留气球。

遥感营地的远程探测仪器，它们能够鸟瞰冰面。背景中为对流层系留气球。

2020 年 7 月中旬，冰上常见的光影。

2020 年 7 月，俯瞰浮冰以及科考营地的一部分。

"极地之星"号仍然稳稳地停靠在 MOSAiC 浮冰里。随着夏季浮冰表层融化，冰中的沉积物积聚在冰面上，浮冰逐渐变成象牙色。

在北极夏季里常见的薄雾中，经常会有濒临解体的浮冰。

MOSAiC 浮冰边缘处的"冰雕"。

在弗拉姆海峡内海冰边缘区的海浪影响下，MOSAiC 浮冰于 2020 年 7 月 30 日解体。科考队陪伴它直到最后一刻。科考营地于浮冰解体前一天拆除并撤离。

2020 年 7 月 31 日，MOSAiC 浮冰彻底破碎。

第四航段结束后，"特列什尼科夫院士"号在弗拉姆海峡内的海冰边缘区为"极地之星"号补充物资。

第四航段的大部分科考队员搭乘"特列什尼科夫院士"号返航，少数人与新来的队员一起留在"极地之星"号上，并开始本次科考的第五航段，也是最后一个航段。

北极点的海冰在夏季也因为高温
而完全被侵蚀，变得非常脆弱。

2020 年 8 月 21 日，我们发现了"MOSAiC
浮冰 2.0"。它在最后一个航段中成为整个科
考队的家园。这块浮冰有着多样的冰上地貌。

我们在最短时间内建好的科考营地矗立在"MOSAiC 浮冰 2.0"上。

夏季北极低空中的薄雾带来如梦如幻的光影效果，如果正好与太阳相对，还常常形成蔚为壮观的雾虹。

先划皮划艇或者浮舟渡过冰裂隙或水道，然后搭建拉索渡船。

2020 年 8 月末，冰上光影。

2020 年 9 月，摄于 "MOSAiC 浮冰 2.0" 上。

随着太阳下沉，景物的颜色变得更加浓郁，队员们在冰上进行作业。

2020 年 9 月 9 日，低垂的太阳周围出现日晕。

9 月初，永远绕地平线运行的太阳显然已经接近地平线。日光色调
变得暖黄。三个星期以后，太阳将沉入地平线之下，极夜即将开始。

为期 24 小时的动态测量中的"MOSAiC 浮冰 2.0"。

启程前一天，MOSAiC 浮冰上的"极地之星"号。

告别浮冰前的最后时刻，每个人都若有所思。

尾 声

返航为期三周。我们于 2020 年 10 月 12 日——科考开始后第 389 天——驶入了不来梅港，回归文明世界。抵达时的场景相当动人。我们还在海上的时候，就有许多轮船和小艇向我们致意，并陪同我们驶入港口，同时还有电视台进行现场报道。我们的思绪原本还留在冰上，现在这突如其来的人声鼎沸倒是迅速将我们拉回陆地上的世界。欢迎仪式非常热烈。

所有科考队员都健康平安地从北极归来。第一航段中有队员不慎摔断了腿，不过并无大碍。伤者随同第一航段的护航船"费多罗夫院士"号返航。由于治疗很顺利，于是他在第三航段又回到了船上。参加前三个最寒冷航段的科考队员中，几乎没有一个人逃过了面部表皮冻伤，不过很快就都痊愈了。第一航段中被冻伤手指的队员也恢复了健康，还有很多较轻的伤病都在船上得到了及时治疗。驶入港口时，想到科考过程总体顺利，我心上的大石头终于落了地，感到无比轻松。

现在我们回到了陆地上——然而一切都变了。我们亲眼目睹了北极的现状。我们带回来的不仅有数据，还有令我们终生难忘的印象与回忆。这一年改变了我们，也改变了研究北极气候变化的科学。

这次科考还有什么作用呢？它会改变我们人类与地球的相处方式吗？还能挽救全年有冰的北极吗？如果在 2020 年夏季，人们在北极点所见的都是摇摇欲坠、完全融化的海冰，那么对于这个问题要画上一个巨大的问号。

当我们通过全球变暖触发了地球气候系统的变化以后，还存在不同的临界点。一旦超过这些临界点，这些变化将不可逆转。

我们的气候就好像一颗弹珠，在布满深深浅浅的峡谷的山地里滚动。现在这颗弹珠正在地势平缓的谷地里欢快地滚动着。它的运动就是天气；它的运动模式就是气候。如果我们改变这个系统，将弹珠往旁边挤压，它在谷地中的运动就会发生推移。我们的天气和气候也因此改变。只要我们停止干扰弹珠，它又会回到之前的运动模式中——这样的变化是可逆的。

可是如果我们有一次对该系统的破坏过大，导致弹珠越过山口滚入另一道山谷，那么我们就永远改变了气候状况。即使我们后悔破坏该系统，停止干扰弹珠，弹珠也不会回到之前的谷地中。这里的山口就是气候系统的临界点。

导致夏季北冰洋中海冰消失的山口近在眼前。我们很可能已经翻过了这个山口，正在陡峭的狭路之上，而且根本无法阻止夏季北冰洋中的海冰消失。而这只是全球持续变暖过程中，我们越

302

过的第一个临界点。自全球平均气温升高约 1.5 摄氏度以来，达到临界点的风险增加——格陵兰岛与南极西部的冰盖可能松动，长此以往至于消融；阿尔卑斯山的冰川也受到威胁；珊瑚礁的命运前途未卜。

升温幅度一旦超过 2 摄氏度，还会越过更多的临界点，包括亚马孙雨林消失，热盐环流彻底改变，洋流也将被彻底改变，北方针叶林也岌岌可危。

如果地球气温持续攀升，南极东部的冰盖、西伯利亚与北美的永久冻土，甚至冬季北极的海冰都有消失的可能。

我们不清楚许多临界点的具体数值，不知道升温多少度会超过临界点。不过升温幅度一旦超过 1.5 摄氏度，就会进入临界点密布的地雷阵，而且我们目前难以想象这些地雷埋在何处。

不过我们已知的是：夏季北极海冰消失是触发第一个临界点地雷的后果。我问自己，我们是否已经触碰到了临界点，并且正在亲眼见证一连串爆炸的开始。

我们真的要盲目地进入这片雷区吗？或者把我们的子孙送入其中？这既不明智，也不负责任。我们必须停止干扰弹珠，必须大幅且迅速地降低温室气体排放量，尤其是二氧化碳的排放量。

为了避开这片雷区，为了将全球变暖幅度限制在临界值 1.5 摄氏度以内，全球温室气体排放量必须在 21 世纪中叶降至零点。也就是说，排放至大气中的温室气体量少于抵消的温室气体量。是否能做到这一点，还是一个未知数。但是超过该界线后，温度每上升 0.1 度都会增加造成全球性严重后果的风险。所以我们必须付出切实有效的努力，至少避免把我们的后代推入雷区深处。

为此我们必须设置符合现实的减排目标，并且采取措施以达到目标。成功的减排理念须要满足两个基本条件。

304

首先，它必须有效，可以达到既定的减排目标。这似乎是一个理所当然的条件，不需多言。然而遗憾的是，过去几年中采取的所有气候保护措施都没有完全符合这项理所当然的条件。仅凭这样的措施，我们无法实现自己设置的减排目标。

第二点，它必须能被大多数人接受。在民主国家中，一件事如果没有社会大多数人的支持，长期看来是无法实现的。也许民主政体中起代表作用的人物可以支撑一时，但这绝非长久之计。

这令人进退两难。如果第一点和第二点相互抵触而且不可调和，又该怎么办？目前我们似乎正处在这样的境地下：尽管社会中多数人认为"应该采取更多措施应对气候变化"，但是并未找到能被多数人接受的具体有效的方法。

从政者必须时刻保证他们的提议被多数人接受，所以往往采取与安慰剂无异的措施，以此显示他们在这个关注度与日俱增的领域内有所作为。但是仅仅把关注点放在类似于占德国碳排放量约 0.2% 的国内航线问题上，真的有效吗？我们诚然应该关注所有的二氧化碳来源，不能因为减排量少就忽略不计；然而也不能因此削弱了我们对总共占德国近 90% 碳排放量的领域的关注：能源制造（32%）、工业（23%）、交通（20%）和建筑供暖（15%）。在这些领域里，还远远没有形成社会多数人支持有效政策实施的局面。

当下有些人出于可敬的动机，意欲利用"想要做点儿什么"的多数人，在气候问题上限制民主体制，使得多数人失去决定

"做什么"的权利，从而更好地落实措施。对于诸如自然保护组织"反抗灭绝"创始人之一罗杰·哈勒姆（Roger Hallam）的言论"道德败坏的社会与民主无缘"（来源：《明镜》网页版采访，2019 年 9 月 13 日），我感到非常不安。他们攻击支持气候保护的理性的声音，诋毁寻求多数人支持的努力，严重阻碍了气候保护。

305

每次提出用意良好的要求之前，也要将社会可能对此做出的反应考虑在内。不要致力于赢得激进分子的热烈掌声，他们无论如何都会支持气候保护；对少数冥顽不化的人苦苦相劝也收效甚微。争取摇摆不定的多数人更加重要。用夸张的、标语式的要求把他们吓退，对气候保护没有任何助益。极端，就无法长远。我们必须找到多数人能够接受的路线。

要让社会中的多数人清楚而深刻地意识到气候保护的必要性。唯有如此，气候保护才能长期维系，世代相续。违背多数人意志的措施只能成功一时。

成功遏制气候变化其实只有一条艰辛的道路，那就是制定出同时满足上述两个基本条件的方针，并且持续不断且充满耐心地争取多数人的支持。

对于我们社会的判断力，我有充分的信心。科学已经如此清楚明了地将事实摆在眼前，促使人们意识到行动的紧迫性。

过去的两年里，这种意识的强烈程度陡增。当下正是争取多数人接受具体有效的气候保护措施的最佳时机，为前所未有。我们必须利用这个机会，不能让它被意识形态之间的斗争破坏。

要赢得多数人支持，这些措施是必须的：

1. 公平而稳健，指的是各项措施不受意识形态的偏见左右，对各领域的碳排放一视同仁。最好是针对所有产生碳排放的活动都采取相同的收费标准，无论它在何处进行，如何进行，是否纳税，是否上市或者处于其他机制之下。

306
2. 具备相关补充规定，避免碳排放活动向国外转移。否则这些措施将导致大量高碳排放量活动向碳排放免费、环保要求较低、劳动者权益较小的国家迁移。这样一来，虽然德国可以拿出漂亮的碳收支成绩单，但对地球而言无济于事。片面关注德国碳排放既不利于全球气候，还有损本国经济。我们需要良好的经济状况，以获取落实气候保护措施所必需的资源。这也许是最难实现的一点，因为上述措施本身，比如违反世界贸易组织规定的对进口商品征收碳排放费，就有相当难度。尽管如此，国际贸易领域的专家仍然应当将这个话题提上议程，并且寻找解决方案。人们已经做出了这样的努力。

3. 将所得的一切收益回馈民众。一旦民众认为国家是在借气候政策聚敛财富，环保措施的民众接受度将严重受损。另一项威胁来自于社会贫富差距，因为低收入者对能源（例如暖气、电和燃油）涨价的心理承受力低于高收入者。所以必须对此进行税收调节。

举例来说，假如碳排放税的收入能够平均分到每一个人手中，而且低收入者的获益甚至更多，因为他们生活中耗费的能源通常低于收入较高的人群。也就是说，他们通过再分配机制获得的补偿多于随能源涨价而增长的支出，同时所有人都因为节约能

源而获益。如果能够实施这样的补偿机制，并且保持有效和理性
的沟通，我肯定距离大多数人的支持已经不远了。

每一个成功的气候保护理念都会产生指导作用，这正是我们
希望得到的结果，也是理念的意义所在。即便可以预见，受到影
响的产业和社会群体会对此颇有怨言，也不能允许特例存在或者
进行补偿，从而破坏了气候保护理念的指导作用。另外，绝对不
能破坏公众对于国家行为的信任。

举一个例子：随着通勤成本上升，居住在租金较低而远离工
作单位之地的生活开销将高于通勤时间较短但租金较高的生活。
这项安排非常合理，因为通勤时间长会产生更多的二氧化碳。居
住地的选择有着长远的影响。国家必须保障民众做出相应选择的
基础条件——这也是我们不能轻易放弃的社会目标。

因此，即便似乎暂时与气候保护理念相左，也应该为气候保
护新规定逐项制定过渡措施，以创造良好的实施条件，显示政府
的公正、稳健与负责。而这正是气候保护措施获得多数人支持的
又一项必要前提。没有多数人的支持就无法成事。

人类已经凭借共同的努力解决了一些全球性环境问题。臭
氧层的状况有所好转，正是因为世界各国遵守了《蒙特利尔议定
书》及其补充条款，不再生产破坏臭氧层的物质。这足以证明：
各国之间虽然存在利益冲突，却依然能够负责而团结地采取一致
行动。我们不是撞见蟒蛇后手足无措的兔子，不会被动地等待。

如果在某一阶段，并不是所有国家都能参与行动，那么必须
有国家身先士卒。气候保护与臭氧层保护同为跨越代际的任务。
臭氧层保护的难度自然无法与气候保护相提并论，但是这个例子

显示了人类在全球问题上的行动能力。

可惜在当今世界，各个民族国家之间的利益冲突愈发尖锐。我们必须努力改变这样的局面，要让民族主义的反面——多边主义、国际合作与对地球的共同责任感重新成为主导力量，否则人类将无法成功应对气候变化带来的艰巨挑战。

北极海冰不仅在全球气候系统中发挥着举足轻重的作用，而且是不少古老文化的组成部分，是众多原住民社会的根基，还是一片瑰丽迷人、独一无二的仙境。我们必须全力以赴，为子孙后代守住这片宝地。

致　谢

如果没有上百人在科考之前或科考之中，在船上或在陆地上的不懈努力，MOSAiC 计划不可能得以实现。

我要特别对 MOSAiC 计划之父与总调度之一——克劳斯·迪特洛夫致以谢意。他在十几年前产生了这次科考的灵感，多年来持之以恒地跟进并发展这项构想。没有克劳斯·迪特洛夫，就没有 MOSAiC 计划。我还要特别感谢同为 MOSAiC 计划总调度之一的马修·舒佩，感谢他在计划早期为之做出的卓越贡献，感谢他在科考出发前和科考中孜孜不倦的付出。我还十分感谢 MOSAiC 计划主管安雅·松默菲尔德（Anja Sommerfeld），感谢她以无比的热忱和巨大的精力支持计划的实施。

我还要特别感谢 AWI 研究所副所长、AWI 研究所后勤部主管，乌维·尼克斯多夫，他是 MOSAiC 计划的后勤保障策划人。只有在能力超群的 AWI 研究所后勤部的帮助下，本次科考才可能成为现实。感谢后勤部的工作人员，尤其是马里乌斯·希尔瑟科恩（Marius Hirsekorn）、薇蕾娜·莫豪普特（Verena Mohaupt）、碧耶拉·柯尼希（Bjela König）、艾伯哈德·科尔贝克（Eberhard Kohlberg）、蒂姆·海特兰德（Tim Heitland）、

309

331

迪尔克·门格多特（Dirk Mengedoht）、妮娜·马赫讷（Nina Machner）以及许多其他工作人员。我还要向米夏埃尔·图尔曼（Michael Thurmann）以及 F. 莱兹（F. Laeisz）海运公司里所有参与本次计划的员工致意，感谢他们通力合作，在科考的筹备与实施阶段提供了有力支持，在 MOSAiC 计划期间娴熟地完成了所有复杂的船舶操作。

AWI 研究所的两位所长，卡琳·洛赫特与安缇耶·波提乌斯不知疲倦地为 MOSAiC 计划提供了坚实可靠的大力支持，有力地协助完善并实施科考计划，理应得到真挚的感谢。卡琳·洛赫特于任期内在促进国际合作上发挥了关键作用，从而使本次科考具备实施的可能性。安缇耶·波提乌斯在各个层面上精勤不辍地支持计划实施。本次科考得以在新冠肺炎疫情下继续进行，离不开她付出的巨大努力。

本次科考中顺利的航程主要得益于两位"极地之星"号船长，史蒂凡·施瓦泽和托马斯·翁德利希的丰富经验与沉着周全。没有"极地之星"号全体船员的付出，MOSAiC 计划也会不堪设想。他们的付出远远超出了分内的职责和我们的期待。是"极地之星"号的船员们承托起了这次科考。我感谢他们所有人和两位船长的努力，感谢他们科考期间出色地完成了工作，感谢他们和我在北冰洋海冰中共同度过的时光。我永远不会忘记这些船员，也永远不会忘记他们所做的一切！

我还要感谢所有伙伴船只上的船长们和船员们。他们有的在最艰难的海冰条件下为科考提供支持和补给，有的在新冠疫情即将摧毁所有计划时立即伸出援手。他们是"费多罗夫院士"号、

310

"德拉尼岑船长"号、"马卡洛夫海军上将"号、"玛利亚·S. 梅立安"号、"FS 太阳"号和"特列什尼科夫院士"号的全体船员们。我们在这些船上度过了愉快的时光，这都要感谢船员们。德国科考船指挥中心、德国科学基金会和联邦教育与研究部冒着疫情在很短的时间内批准了"玛利亚·S. 梅立安"号和"FS 太阳"号的使用，从而挽救了科考，谨向他们致以谢意。

阿尔弗雷德·魏格纳极地与海洋研究所诸多人员的倾力投入，使得复杂的 MOSAiC 计划成为可能。感谢我的助手萨比娜·赫尔毕希（Sabine Helbig）和我所有的同事们，感谢他们在这段繁忙时光里对我的大力支持，为我分担了许多工作。我还要感谢审计部、采购部、人事部、外联部、媒体部、管理部、智囊团以及董事会办公室的所有人员为实现科考计划而做出的不懈努力。

感谢圣彼得堡北极与南极研究所（AARI）长期以来忠实而密切的合作，尤其要感谢所长亚历山大·马卡洛夫（Alexander Makarov）与 AARI 研究所北极科考部部长弗拉基米尔·索科洛夫。如果没有 AARI 研究所里的俄罗斯同事与友人们的支持，MOSAiC 计划将无法实施。

感谢亥姆霍兹联合会主席奥特玛尔·韦斯特勒，尤其感激他对 MOSAiC 计划的大力支持以及对我们科研工作的高涨热情！

我个人要特别感谢联邦教育与研究部部长安雅·卡利策克，感谢她无论顺境逆境，即便在 MOSAiC 计划因为新冠疫情几近终止的边缘，也始终为科考提供支持。

谨向外交部长海科·马斯致意，感谢他关于北极气候急剧变化造成的广泛影响的谈话，尤其是对于国际关系的影响，以及防

311

患于未然的风险管理。对我们的科研工作而言，他的谈话是灵感和动力的源泉。另外还要感谢外交部在新冠疫情期间批准来自各国的科考队员入境，为我们的工作提供了支持。

感谢国际北极科学委员会（International Arctic Science Committee, IASC）及其在 MOSAiC 计划关键时期的时任会长弗尔克·拉霍德（Volker Rachold）。国际北极科学委员会在建立对 MOSAiC 计划至关重要的国际协作关系时发挥了主要作用。

312 MOSAiC 计划是所有参与者辛苦付出的总和。感谢参与 MOSAiC 计划的 80 余家国际伙伴机构，以及来自 20 多个国家的赞助方和科研机构。

感谢玛琳娜·戈林（Marlene Göring）对本书进行修改和补阙，并撰写科普小贴士。感谢审稿人阿诺·马驰讷（Arno Matschiner）。感谢卡伦·古达斯（Karen Guddas）以及卡尔·贝塔斯曼（C. Bertelsmann）出版社对本书出版给予的大力支持。

科学考察因人而成。是科考队员们成就了科考。他们收集了重要的科研数据和科研样本，使得这次科考成为所有参与者的一段难忘经历。在此，我要感谢所有科考队员们。我们共同度过了梦幻般的一年，长远看来也是将改变科学的一年。感谢克里斯蒂安·哈斯与托斯腾·坎佐夫。他们分别是两个航段的总负责人，感谢大气组、海冰组、海洋组、生态组、生物地理化学组、后勤组、模型组、数据组、通讯组、遥感组以及航空组组长为实现本计划而付出的不懈努力。还要感谢所有科考队员的家人和好友，感谢他们对我们长时间离家工作的理解，感谢他们在艰难时刻始终给我们发来鼓励的信息。

索 引①

A

阿尔弗雷德－魏格纳研究所（Alfred-Wegener-Institut, AWI）

阿尔戈（Argo），一种履带车 137, 144

阿特卡冰港（Atka-Bucht），位于南极 70

AWI，参见"阿尔弗雷德－魏格纳研究所"

埃斯特·霍瓦思（Esther Horvath）100

艾伯哈德·科尔贝克（Eberhard Kohlberg）205

艾莉森·方（Allison Fong）63

爱伦·达姆（Ellen Damm）64

安东诺夫，安-74（Antonov, An-74），飞机 193

安缇耶·波提乌斯（Antje Boetius）15, 153, 195, 206

安雅·卡利策克（Anja Karliczek）15, 212

"奥登"号（Oden），瑞典破冰船，193, 195

奥顿·托尔夫森（Audun Tholfsen）135

奥斯陆（Oslo）26

奥特玛尔·韦斯特勒（Otmar Wiestler）15

B

巴黎协定（Übereinkommen von Paris）150

巴伦支海（Barentssee）19, 23, 32, 151, 162, 180, 185ff., 189, 191, 248

"堡垒"（Festung），科考营地的一部 分 43, 62ff., 73ff., 88f., 94, 103, 103, 109, 111, 120, 130f., 135, 216, 221f., 224f., 256

北地群岛（Sewernaja Semlja）27 f., 32, 35, 36 f., 162, 178

北极点（Nordpol）10, 23 f., 31, 26, 48, 54, 72 f., 112, 159, 160, 169,

---

① 索引中的页码为原书页码，对应本书中的边码。

图片来源

护封背面：提姆·维尔曼（Tim Wehrmann）

第 10～11 页：马丁·库恩斯汀（Martin Kuensting）（阿尔弗雷德－魏格纳研究所）

第 14 页：提姆·维尔曼

第 15 页：亨利·凡·德尔·韦德（Henry van der Weyde），由挪威国家图书馆提供

第 16 页：由挪威国家图书馆（Norwegische Nationalbibliothek）提供

第 17 页：弗里乔夫·南森，由挪威国家图书馆提供

第 18 页：弗雷德里克·杰克森（Frederick Jacksons），由挪威国家图书馆提供

第 29 页：史蒂凡·亨德里克（Stefan Hendricks）（阿尔弗雷德－魏格纳研究所）

第 54 页：埃斯特·霍瓦思（Esther Horvath）（阿尔弗雷德－魏格纳研究所）

第 55 页：史蒂凡·亨德里克（阿尔弗雷德－魏格纳研究所）

第 79 页：埃斯特·霍瓦思（阿尔弗雷德－魏格纳研究所）

第146页：史蒂凡·亨德里克（阿尔弗雷德－魏格纳研究所）

第162页（上）：史蒂凡·亨德里克（阿尔弗雷德－魏格纳研究所）

第162页（中）：马塞尔·尼克劳斯（Marcel Nicolaus）（阿尔弗雷德－魏格纳研究所）

第162页（下）：史蒂凡·亨德里克（阿尔弗雷德－魏格纳研究所）

第193页：埃斯特·霍瓦思（阿尔弗雷德－魏格纳研究所）

第288页：史蒂芬·格劳普讷（Steffen Graupner）（阿尔弗雷德－魏格纳研究所）

第290～291页：史蒂芬·格劳普讷（阿尔弗雷德－魏格纳研究所）

第297页：莉安娜·尼克森（Lianna Nixon）（阿尔弗雷德－魏格纳研究所）

第303、305页：莉安娜·尼克森（阿尔弗雷德－魏格纳研究所）

其余图片均由马库斯·雷克斯提供。

译后记

翻开这本科考记录时，作为读者兼译者的我原本只期望增长科学知识，却意外收获了许多心灵的触动。

"古之立大事者，不惟有超世之才，亦必有坚忍不拔之志。"MOSAiC 计划的周期长达一年，科考路线横跨北冰洋，参与人员来自 37 个国家，斥资高达上亿欧元，在万里冰封的酷寒极夜里成功挺进北极点附近，填补了相应观测数据的空白，从而推进人类对北极气候变化的认识，不可不谓"大事"。

而之所以能够完成这项极其艰巨的任务，离不开科学家们"顺势"的智慧。在极地探险前辈弗里乔夫·南森的启发之下，MOSAiC 计划的总策划者们创造性地制定了"乘冰越洋"的方案——与其用燃油与钢铁对抗重重冰山，不如让科考船静息于海冰之上，借助洋流之力，在冬季渡过以人力不可能渡过的冰洋。这样的巧思，正与中国道家"无为而无不为"的思想契合。

不过这里的"无为"绝非无所作为。它的根基是海量的数据、深入的观察分析，还有丰富的经验。弗里乔夫·南森通过船只失事地点及其残骸位置之间的关联，发现了穿极流的存在。为了找准进入冰漂流的最佳起点，本书作者对北极海域进行了长达数年的数据搜集与测算。浮冰压力很大时，船长知道应该熄灭发动机，静待冰块改变，这有赖于多年的极地航行经验。MOSAiC科考计划的队员们不仅有扎实的专业知识，在此基础上还懂得何时行，何时止，何时竭尽人力，何时顺应自然。知识与智慧相得益彰，最终大功告成。

除了才智，MOSAiC计划的科学家们的意志力更是令人肃然起敬。相信每位读者读完本书后都有这样的感受：一场科考，须历经"九九八十一难"，方能取得真经。马库斯·雷克斯在本书中写道："艰难的一天过去后，是新的艰难的一天，然后又是艰难的一天。"（摘自2019年11月22日的日记）极地环境变幻莫测，即使一批世界顶尖的科学家苦心经营数年，制定出极尽缜密的科考方案，也依然躲不过意料之外的困境：需要找一块停船用的浮冰，却因为全球变暖几乎挑不出一块足够坚实的浮冰；费了几个星期的工夫搭建好的科考营地，在浮冰开裂的瞬间就化为废墟；想在科考工作中争分夺秒，北极熊偏要来频繁造访，得使出十八般武艺才能将这些不速之客"请"走；还有科考期间爆发的新冠肺炎疫情，更是将精心设计的原计划全盘推翻，几乎把MOSAiC计划逼入绝境。人生的不确定和不如意，在极地科考中似乎被放大了百倍千倍。

面对无穷无尽的意外和难题，极地科考队员们表现出了一种近乎质朴的坚韧心性。在日记里感叹过科考艰难后，马库斯·雷克斯又淡淡地说了一句："科考行动是一场马拉松。今天做不成的事，也许明天就成了。"（摘自2019年11月22日的日记）整个MOSAiC科考队里洋溢着平静专注、脚踏实地的氛围，为团队屏蔽了许多大悲大喜的干扰。找不到合适的海冰，那就扩大搜寻范围，同时更加细致地解读雷达海冰图像，没时间担忧；科考营地泡汤了，那就连夜打捞加转场，没时间哀叹；北极熊来了，那就别一把信号手枪，骑上雪地摩托去驱熊，没时间抱怨；就连在终于找到目标浮冰的欣喜时刻，大家也只是微笑着点点头，然后在下一分钟投入对科考下一阶段的规划。谈起 MOSAiC 计划因为新冠肺炎疫情濒临崩溃的那场危机，马库斯·雷克斯这样写道：

> 虽然身处困境，但我们没有放弃。也许极地生活对我们的锤炼在这时起了作用。在极地，我们每天都要面对意料之外的问题和挑战。这时不能沉溺于绝望的情绪里，而是要立刻转变心态，从实际出发想办法。

所谓坚忍不拔的品格，就是排除杂念，埋头苦干，总在想办法，始终有希望。这对跋涉在人生旅途上的读者而言，未尝不是一种启发。

才智与意志之外，MOSAiC 计划的科学家们还具备一种难能可贵的品质——有趣味。极地科考工作纵然艰苦卓绝，但科考队员们的想象力、幽默感和感受力反而愈发蓬勃旺盛。

他们把整个科考营地想象成一座冰上城池，把气象学科考站叫做"气象城"；海洋学科考站就是"海洋城"；系留气球的棚厂所在地"气球小镇"里，住着软软胖胖的气象气球"佩奇小姐"。科考队员们忙里偷闲，用手边现成的材料布置了惬意的船上咖啡厅，在"冰上酒吧"庆祝科考的阶段性胜利，组织乒乓球比赛，给当天的冠军送上"今日中国人"的称号。这些娱乐消遣看似幼稚好笑，实则对科考队员们的身心健康有着不可忽视的益处，帮助他们抵御严寒、黑暗、孤独和疲劳造成的心理压力，确保科学考察的顺利推进。

北极不仅是科学研究的对象，还是审美的对象。马库斯·雷克斯在书中用细腻优美的文笔，为我们这些不能亲身前往北极的读者们描摹了许多瑰丽奇幻的极地景色，有神秘灵动的极光，有寥廓极夜里绝世独立的奇诡冰雕，还有冰上盛夏轻柔朦胧的独特光影。理性的科考产生知识，感性的审美产生情感。从科考记录的字里行间，不难读出作者对 MOSAiC 浮冰拟人化的喜爱之情，以至于当由水而生的浮冰完成其生命历程，最后复归于水时，读者不由得跟着作者一同叹惋，有所体悟。大自然似乎不仅供给人类的衣食住行，还示人以美，更有大道蕴藏其中。

整个 MOSAiC 计划的出发点，便是与人类命运息息相关的大事——探究北极气候变化对全球气候变化的影响。北极冰川消融的一幕幕借由书中文字浮现眼前，更让人意识到，遏制全球变暖的任务已经迫在眉睫。作者通过修复臭氧空洞的成功案例指出，只要齐心协力，人类可以解决全球性的气候问题。此次科考的成功也有赖于超过 20 多个国家的精诚合作。该计划由德国发起，美国、挪威、俄罗斯等国相继加入。意识形态和地缘政治利益的分歧并没有干扰科考，国籍不同的队员们都为了科学全力以赴。中国科学家们也参加了此次科考。当科考物资运输因为新冠疫情陷入危机时，中国立刻向"极地之星"号伸出了援手。

限于译者能力有限，翻译多有不足之处，恳请读者斧正。唯愿以绵薄之力，为科学与友谊的桥梁添砖加瓦，望它通向人类的明天。

译　者
2022 年 5 月 29 日

图书在版编目（CIP）数据

乘冰越洋：一场伟大的极地科考 /（德）马库斯·雷克斯著；王一帆译 . —北京：商务印书馆，2023
（地平线系列）
ISBN 978−7−100−21486−5

Ⅰ.①乘… Ⅱ.①马… ②王… Ⅲ.①极地—科学考察—普及读物 Ⅳ.① P941.6−49

中国版本图书馆 CIP 数据核字（2022）第 140115 号

地平线系列

乘冰越洋：一场伟大的极地科考

〔德〕马库斯·雷克斯　著

王一帆　译

商　务　印　书　馆　出　版
（北京王府井大街 36 号　邮政编码 100710）
商　务　印　书　馆　发　行
北　京　冠　中　印　刷　厂　印　刷
ISBN 978−7−100−21486−5

2023 年 3 月第 1 版　　　　开本 880×1240　1/32
2023 年 3 月北京第 1 次印刷　印张 11½　插页 16

定价：60.00 元